かわいいフクロウと暮らす本

藤田征宏 監修

エムピージェー

はじめに

つぶらな瞳とフワフワの毛並み、首を真後ろまで回す独特の動きが、魅力的なフクロウ。古くから〝幸せを呼ぶ鳥〟として知られています。

最近では、全国に相次いでフクロウカフェができ、休日になると待ち客が列を作るほどの人気です。カフェでは体をなでたり、手に乗せたり、個性豊かなフクロウたちと接することができます。そんな触れあいを通して、フクロウに癒され、ついには飼いはじめたという人が急増しているともいいます。

以前はフクロウが欲しくても、ペットショップではほとんど見かけませんでした。しかし、フクロウ人気が高まるにつれて取扱いをするペットショップが増え、生体を販売するフクロウカフェも登場するようになりました。

フクロウが身近な存在になったことは喜ばしい限りです。しかしながら、フクロウに関する知識と経験が豊富なスタッフはまだまだ不足しています。ペットショップや愛好家に対して、十分な情報が行き渡っていないのが実情といえるでしょう。

本書では、これからフクロウを飼いたいという人のために、ペットショップの選び方、自分に適したフクロウの見つけ方、フクロウと上手に暮らすための飼育ノウハウをお伝えしていきます。

かわいいフクロウと暮らす本

CONTENTS

第1章

フクロウの生態と魅力

クリクリした目や手に乗って人に馴れる仕草を間近で見ると、フクロウの魅力に引き込まれます。どんな生き物なのか、見た目以外にどのような魅力があるのか？　家族として迎える前に、フクロウの生態を理解しておきましょう！

フクロウのプロフィール

見た目はおとなしそうですが、猛々しい一面も……。外見だけでなく、ちょっとした仕草や性格、猛禽類らしい行動まで、フクロウを間近でみると多くの魅力に気づかされます

フクロウは２２０種類以上

フクロウには体重１００グラム前後の小型種から２キロ超の大型種まで様々な種類が存在します。最新の分類では、フクロウの仲間はフクロウ目に分類され、２２０種が知られています。フクロウ目をさらに詳しく見ていくと、メンフクロウ科2属18種、フクロウ科25属２０２種に分類されます。分布域はとても広く、南極を除く世界中に生息しており、日本にはフクロウやシマフクロウの他、アオバズクやオオコノハズクなど約10種の生息が確認されています。

一般に「フクロウ」と呼ぶ場合、フクロウ目全体をいうときと、種としてのフクロウ（*Strix uralensis*）を指す時があります。本書で「フクロウ」と記載した時はフクロウ目を指し、種としてのフクロウは「ウラルフクロウ」と表記しています。

生まれて約1ヵ月。フワフワの羽毛に覆われたモリフクロウの雛

自然下では夜行性

　この仲間の多くは、頭部の上方に耳のような房状の羽毛があり、これを「羽角《うかく》」と呼びます。一般に、この羽角がない種類をフクロウ（例メンフクロウ）、羽角がある種類をミミズク（例ワシミミズク）と呼び分けています。

　フクロウのほとんどは夜行性で、自然下では夕方から夜中にかけて行動します。暗闇の中を小型哺乳類や鳥類、昆虫などを探し回り、その鋭い爪で捕獲しています。

猛禽類の仲間だが……

　フクロウ目は猛禽類に分類されます。猛禽類とは、鋭い爪と嘴を持ち、他の動物を捕食する鳥類の総称であり、ワシ・タカ・ハヤブサ・ハゲワシ・コンドルなどがその代表です。猛禽類は空中を生活の場とする生態ピラミッドの頂点に君臨しますが、フクロウもその一員なのです。鋭い爪で他の動物を捕獲するフクロウの習性は、まさしく猛禽類の特徴に合致します。

　しかし、最近の分類ではワシ・タカ・ハヤブサとフクロウは遠縁とされました。また、同じ夜行性という共通点などからヨタカ目と近縁といった分類もされていたのですが、この分類も近頃の新たな研究によって、類縁性は否定されました。

かわいくもワイルドな一面をもつのがフクロウの魅力！

　研究が進むにつれて、次々とフクロウがその他の猛禽類から縁遠いといった報告がされています。しかし、フクロウが猛禽類から外れたわけではありません。愛くるしい表情などからペット的な生き物に見えますが、人間を警戒する仕草や餌をほおばる様子などは、タカやハヤブサと変わりません。飼育するにあたって、フクロウは猛禽類であるという認識をもつ必要があります。

フクロウと呼ばれる鳥類

フクロウ目 Strigiformes	メンフクロウ科（2属） Tytonidae
	フクロウ科（25属） Strigidae

体のつくり

幾重にも羽毛に覆われているフクロウ。フサフサした羽根の中にある体のことは知らないことだらけ。フクロウの体の構造や特徴とは？

翼の構造と名称

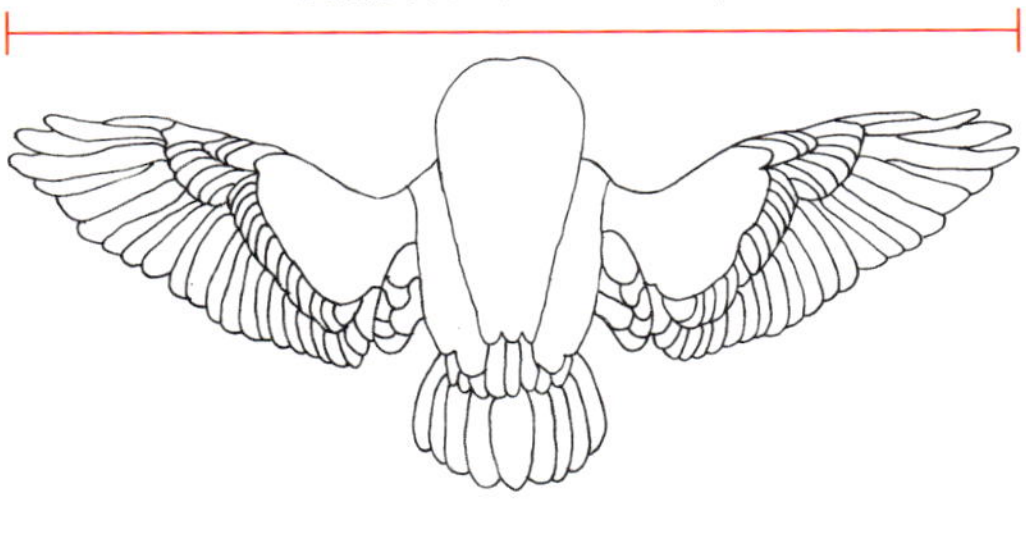

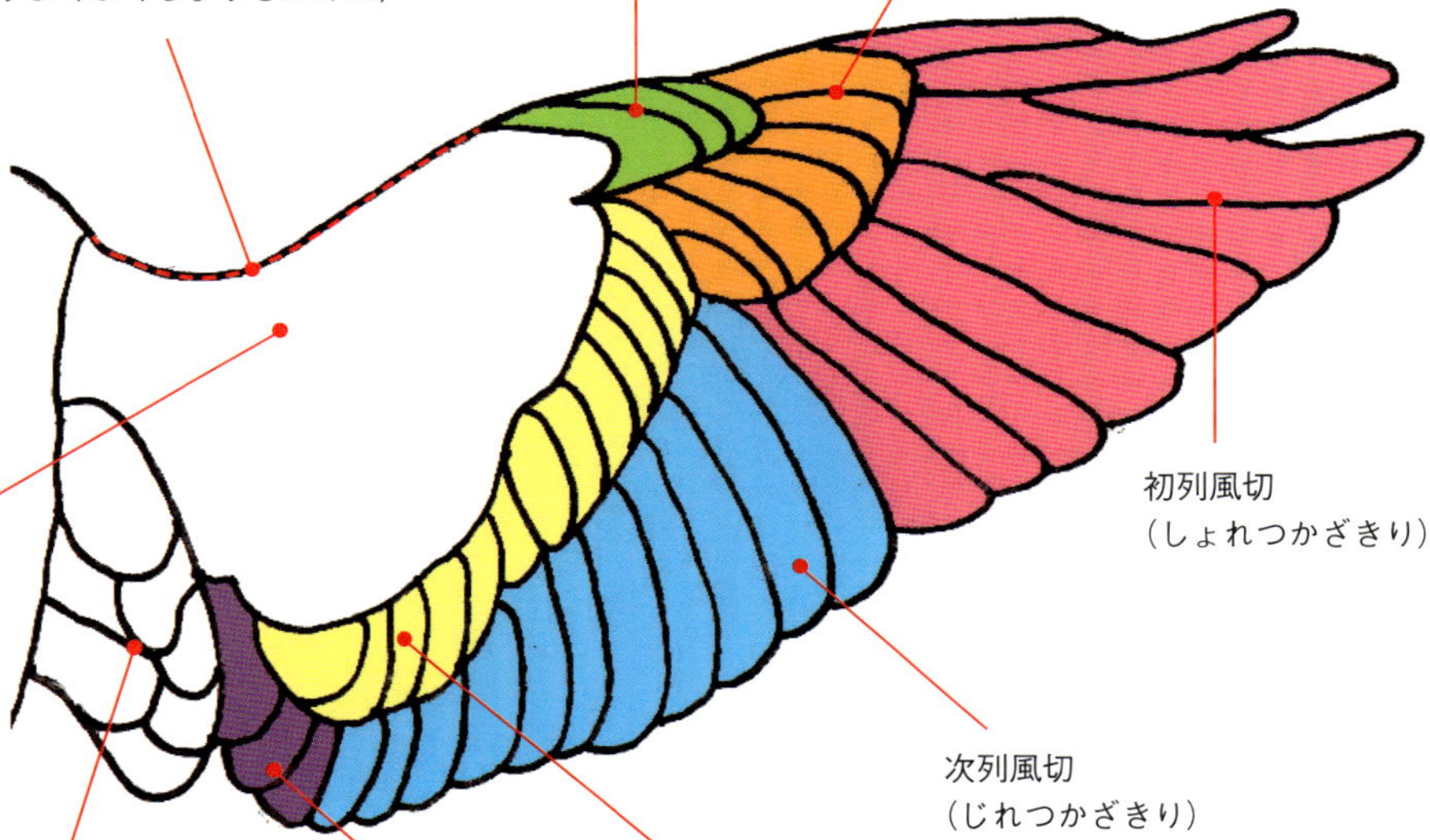

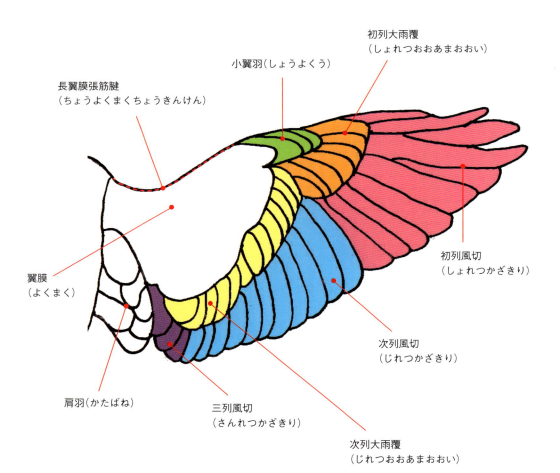

フクロウの各部位と名称

脚の構造と名称

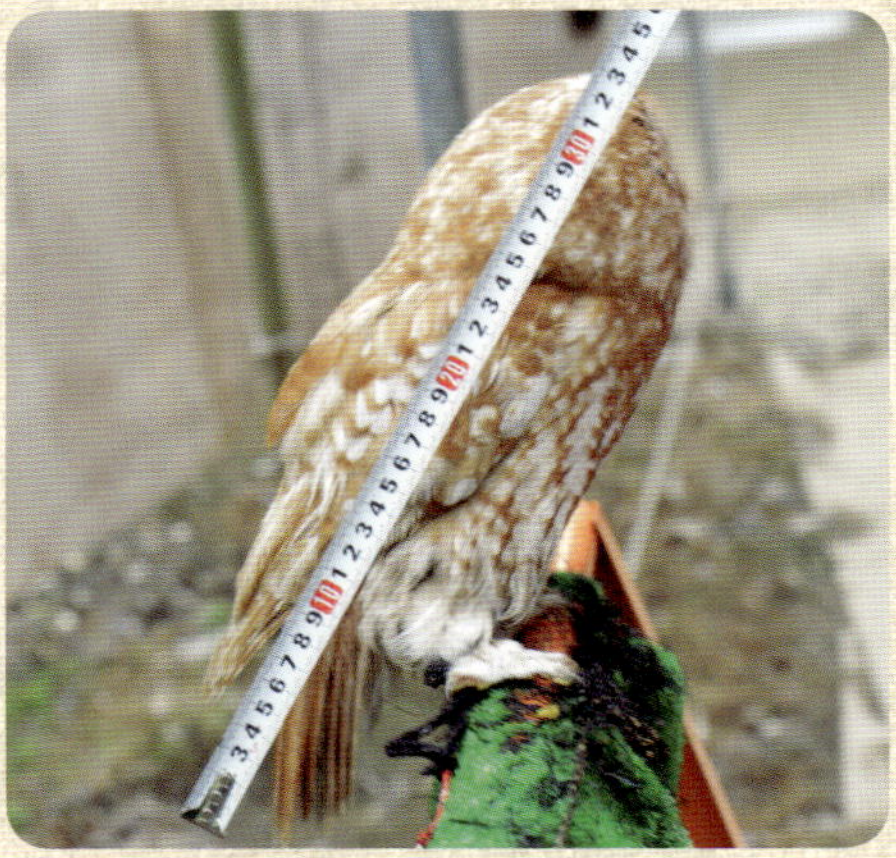

計測方法

正確な全長を把握するには、フクロウを上向きにして嘴を前方に突き出させ、嘴から尾羽根の先までを計測します。趣味の飼育であっても、尾羽根から頭部までのおおまかな全長を測って記録しておけば、参考になるでしょう。

フクロウの特徴

フクロウならではの習性や特性をまとめました。各部位を一つひとつ見ていくと、どれも意外で興味深いことばかり！

寿 命

小型種で10～15年、大型種では25年以上も生きる種類があるといわれています。フクロウは犬や猫と同等、いやそれ以上の寿命がある種もいるのです。長い付き合いになるわけですから、流行りやファッション、軽い気持ちでフクロウを飼いはじめるのは禁物。最期まで責任を持って飼育してください。

アフリカワシミミズクの雛。きちんと飼えば25年近く生きる

性 別

20160305

No	種類	ID	遺伝子型
1	メン	B0F εAF 117 10.0 15 007	male
2	メン	B0F εAA 938 009	male
3	メン	B11 AO 7376	male
4	クロメン	BEC 10.0 08 007 NL 2449	male
5	クロメン	KEV OV 712 10.0 14 013	female
6	クロメン	KEV A 435 10.0 13 001	male
7	アカアシ	623 OV KEV N 09 001	male
8	アカアシ	BOF BI 933 12.0 15 002	male
9	アカアシ	B12 AO 7019 878	female
10	アフワシ	TP-BERLIN-16 67	male
11	アフワシ	15 012	male
12	シロメン	Z G 10.0 13 0292	female
13	シロメン	BOF 154 T 054 07 014	female
14	シロメン	BOF 154 V 054 07 016	male
15	シロメン	B12 AO 7655 10 63	female
16	シロメン	B12 AO 7655 10 67	female
17	シロメン	KEV OV 712 10.0 15 014	female
18	シロメン	KEV OV 712 10.0 15 017	female
19	シロメン	NL 3897 BEC 10.0 15 063	female
20	シロメン	NL 4370 BEC 10.0 15 020	female
21	クロメン	BOF EBJ 969 10.0 15 002	male

DNA鑑定の結果。個体ごとに雌雄が記載されている

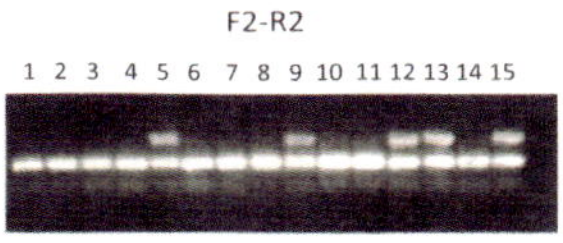

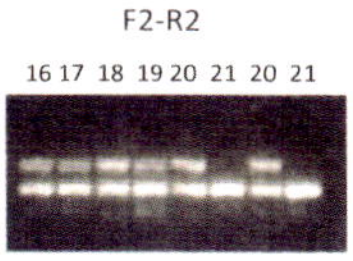

フクロウは雌雄による外見の差はほとんどありません。ただし、シロフクロウは例外。メスの体は黒や灰色の模様や斑点がオスより多くなります。成長するとオスはより白くなるので、容易に区別できます。

フクロウはメスの方が大型に育つ傾向があります。しかし、個体差があるので体格で雌雄を識別するのも不可能といえます。もっとも、まったくアテにならないかと言えばそうでもなくて、特に大型種では10羽ほどの個体がいる場合、一番大きい個体と最小の個体を組み合わせれば、ほとんどがペアになります。一方、小型種の場合は、目に見えて体格に差が現れないので雌雄の区別は困難です。

確実に雌雄を区別する時はＤＮＡ鑑定を行ないます。プロブリーダーは早い段階から雌雄を把握する必要があるため、ＤＮＡ鑑定しています。愛好家でもＤＮＡ鑑定を受けることはできます。

フクロウの視野

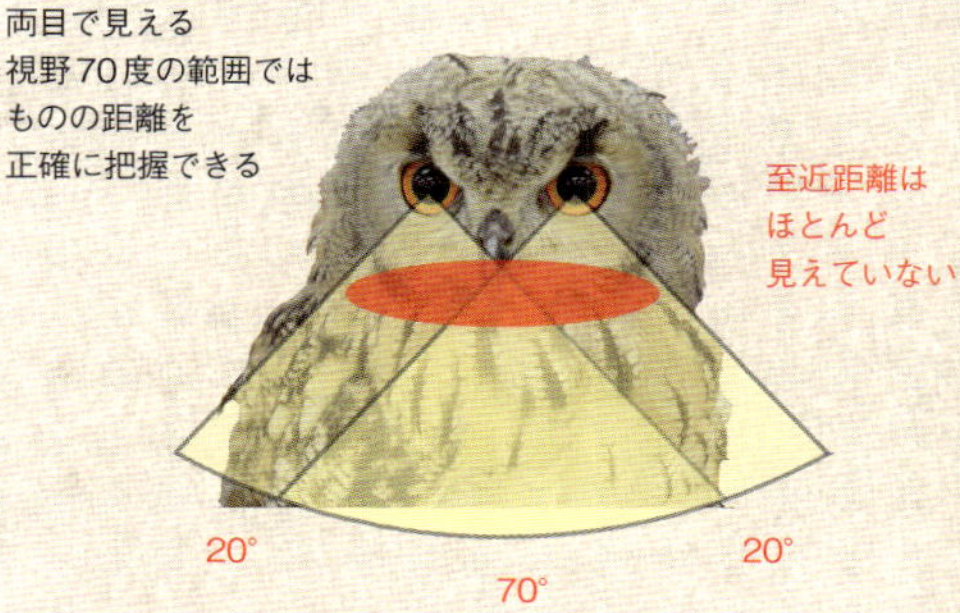
両目で見える
視野70度の範囲では
ものの距離を
正確に把握できる
至近距離は
ほとんど
見えていない
20°
70°
20°

目を閉じているアフリカワシミミズク。昼間はこのような表情をしていることがよくある

目

両目は顔部の前面にある「顔盤」にあります。眼球は眼窩《がんか》に固定されているため、眼球を動かす（目をキョロキョロさせる）ことはできません。目が正面を向いているため、視野は110度、両目でとらえられる範囲は70度。参考に、人間の視野は170度、両目で120度。猫は視野250度、両目120度と言われています。

人間や猫に比べてフクロウの視野は狭いのですが、両目70度の範囲内で立体視できるため、対象物の正確な距離を把握できます。また、遠いところはよく見えますが、反対に数十センチの至近距離ははっきり見えません。

水晶体（目の中にある組織でレンズの働きをする）が大きく、弱い光にも敏感な桿体細胞を網膜に多くもつため、暗闇でも物がよく見えます。夜行性であるフクロウの目の感度は人間の100倍といわれています。その代わり、昼間は眩しすぎるため、目を細めていることがよくあります。

羽角

目の上に耳のような房状の羽毛があり、これを「羽角」と呼びます。この羽角は飾り羽根で、聴覚には無関係。木の枝に擬態している、哺乳類の食肉目に擬態しているなど諸説ありますが、実際のところはよくわかっていません。

頭部にある羽角は「飾り羽根」

耳

耳穴は左右非対称の位置にあります。ほとんどの種類で右側が上、左側は右に比べて下についています。耳の位置が左右でずれていることで、音の到達する時間差から音源の方向を認識できます。また、顔盤には聴覚器官の働きもあり、顔面の羽毛がわずかな音を集めて耳に伝えています。

ほとんどの種類で耳は右が上、左が下に位置する

首

頭を真後ろに向けたり、上下を反転させるなど顔部を自由に動かすことができます。フクロウは頸骨《けいこつ》が12～14本と多く（人間など哺乳類は7本）、首を左右に約270度回転できる構造になっています。眼球が動かせない代わりに、首を真後ろまで回すことで周囲の様子を伺っているのです。

視野が狭い代わりに首を回して真後ろを見ることができる

脚

ふ蹠から趾まで羽毛で覆われます。これは獲物を捕まえた時に反撃されても怪我をしにくいためといわれています。ただし、昆虫食性が強い種類や魚やカニを食べる種類は羽毛が生えていません。

脚先には湾曲した鋭い爪があります。手に乗せる場合は必ずグローブを装着してください。最近、肩や頭にフクロウを乗せる姿を目にすることがありますが、首には頚動脈が通っているので、万が一フクロウの爪が刺さったらとても危険です。これは頭も同様。フクロウの脚にはさまざまな菌が付着している可能性があります。予期せぬトラブルを防止するためにも、手以外にフクロウを乗せることは避けましょう。

嘴

嘴はカギ状の鋭い形をしています。ワシなど他の猛禽類と同様、嘴の先端は下向き。その形状から、齧ったりむしったりするのは苦手なようで、獲物は丸呑みします。

猛禽類の嘴は下向き！

大型種になると物を掴む力はかなり強い

フクロウは音を立てずに羽根を広げて飛ぶ

翼

フクロウは暗闇で狩りを行なうので、羽根は茶色や灰色など地味な色合いがほとんど。広葉樹林や針葉樹林といった生息地の違いによって、同一種でも色相（モルフ）が異なる種類があります。羽毛はとても柔らかく、一番外側の初列風切羽根の外側にのこぎり状の突起があり、これがはばたく際の風切り音を軽減します。

フクロウの様子からわかること

片足立ちするメンフクロウ

仕草から気持ちを読む

愛好家から見れば、フクロウのどのような仕草や行動もすべて可愛らしく見えます。しかし、それは私たちの勝手な思い込みで、フクロウはストレスに感じていたり、愛好家の行動を嫌がっているかもしれません。よく観察して、少しでもフクロウの気持ちを理解したいもの。

フクロウのちょっとした仕草や行動から、気持ちや心理を考えてみましょう。

ケージの奥から動かない

ケージ奥の止まり木や隠れ場所にいる時は、人間から離れていたいというサイン。このような時にはそっとしておきましょう。反対にケージ前方にきたり、人間に近寄ってくる時は興味を示している証拠。様子を見ながら近づいても構いません。

片足立ち

休息する時に片足を上げることがあります。また、種類によっては片足立ちした後、もう一方の脚を伸ばしたりします。このような仕草は、比較的警戒心が少なく、リラックスしている時によく見られます。ただし、警戒すると即座に二本足になります。

羽根を広げる

種類にもよりますが、翼の上面を前方に向けているのなら威嚇。餌を覆うように羽根を広げる時は餌を隠そうとしています。また、暑い時に中途半端に羽根を広げていることがあります。

膨らむ

体を膨らませた時は寒い時か、リラックスしているかのどちらかです。

体を細める

体が細くなるのは不安や緊張を現します。細くなって固まったら敵に見つからないようにじっとしている仕草です。頻繁に体を細めるようなら、ストレスが溜まっているのかもしれません。飼育環境の見直しなどを行なってください。

暑い時は羽根を開いて体に風を通す

リラックス姿勢

環境に馴染んで気持ちに余裕が出てくると前屈み、またはうつ伏せのような体勢をとる時があります。これはリラックスしている状態です。通常、このような仕草をとるのは幼鳥までです。もし、成鳥になってもこのような恰好をする場合は注意してください。体調不良などが疑われます。

鳴き声で状況判断する

フクロウはいろいろな鳴き方をします。それぞれに意味があり、その時の気分を知る目安となります。種類によって鳴き方は大きく異なるため、行動と合わせて判断していく必要があります。

嘴を鳴らす

威嚇や警戒。さらに、不機嫌だったり怒っている時にも嘴を鳴らします。「カチ、カチ」と鳴らすのは「近寄るな」の意思表示。このような時は、むやみに近づいたり手を出したりせず、放っておきましょう。

パーチ上でうつ伏せになってリラックス

縄張り宣言

最も多い鳴き声は縄張り宣言です。種類によっては数キロ先まで鳴き声が届きます。

発情期

冬から春にかけて、フクロウは発情期を迎えます。この時期は普段よりも激しい鳴き方をしがちです。

餌鳴き

「餌をくれ」とアピールするように鳴きます。餌鳴きは、体重設定と関連します（詳細は78ページからの体重管理の項を参照）。いろいろな理由で体重を低く設定している場合は、一晩中、餌鳴きすることもあります。

嘴を鋭く鳴らす時は威嚇

声の大きさ

基本的に、声の大きさは体のサイズに比例します。大型になればそれだけ鳴き声は大きくなる傾向にあります。ただし、発情期の鳴き声は小型種でも、周辺に影響を与えるほどのボリュームとなり、夜間ずっと鳴きっぱなしということもあります。

近隣への配慮のためにも、飼育する種類がどのくらい大きな声を出すのか、事前に確認してください。

第2章

フクロウのいる暮らし

カフェでフクロウを手に乗せたことがきっかけで飼いはじめたり、愛好家と接したことで、そのおもしろさに引き込まれたり……。フクロウを知ったことで前向きな気持ちになったという人の話をよく聞きます。フクロウカフェの魅力と愛好家の日常生活をのぞいてみました

植物で覆われた店内の至る所に大型水槽を設置。熱帯魚のブルーライトがエキゾチックな雰囲気を醸し出している

ベンチに座って周囲を見渡すとさまざまな種類のフクロウが観賞できる

密林の中で30羽のフクロウと触れあい

東京都千代田区

アウルの森 秋葉原店

アウルの森の人気者！ シロフクロウは、お客さんが通ってもまったく気にする様子もなく店内を歩き回る

～森の中で暮らすフクロウと触れあい、購入することもできる～がコンセプトのフクロウカフェ「アウルの森」。エレベーターを降りると、あたりは一面ジャングル。植物が生い茂った通路を奥に進むと、木々に止まったり、地面を歩き回るフクロウたちが出迎えてくれます。

店内で見られるのは全身が白く人懐っこいシロフクロウや個性的な顔立ちをしたメンフクロウ、つぶらな瞳のモリフクロウなど。成鳥だけでなく、生後数ヵ月の雛や若鳥もいます。気に入ったフクロウを手に乗せたり、撮影することも可能です。

「お客さんは0歳から60代まで

羽根をいっぱいに広げるベンガルワシミミズク。この時はちょっと気が立っていたのか、嘴を鳴らして威嚇モード。そのような時は違う個体と交代。フクロウたちも休憩しながら、私たちと接してくれる

ふだんはあまり動かず、来場者の様子を見ているメンフクロウ。時折、目を閉じてじっとしていることもあり、そんな姿もおもしろい

小〜中型種のモリフクロウやアフリカオオコノハズク。このあたりのフクロウがおとなしくて飼いやすいので人気が高い

カフェでは好きなフクロウを手に乗せることができる

高い位置にある止まり木にいるアフリカオオコノハズク

で、外国人観光客も多く来店します」

客層は世代や国を問わず幅広いと話すスタッフ。平日でも予約をしないと1時間待ちになり、休日は4時間以上待つことも。事前に電話して状況を確認し、混んでいるようなら予約してください。

予想以上のフクロウ人気を受け、浅草に2号店「新仲見世通り店」をオープンしました。2号店にも、ワシミミズクなどの大型種から可愛らしい小型種までが揃っています。

同店は、カフェだけでなく専門ショップとしても展開中。フクロウ愛好家のために餌の購入、爪や嘴のケア、不在時のペットホテルといったアフターケアにも対応しています。

SHOP DATA

フクロウカフェ＆ふくろう専門店

アウルの森 秋葉原店

住所　東京都千代田区外神田4-5-8　5Ｆ

TEL　03-3254-6366

営業時間

平　日　12時〜 22時
（水曜のみ16時〜 22時）

土日祝　12時〜 23時

定休日　年中無休

ＵＲＬ　http://2960.tokyo/

ランチ時は大勢のお客で賑わい、それ以降はフクロウを連れた常連客が徐々に集まってくる

愛好家が集まる アットホームなカフェ

東京都国分寺市

ふくろう茶房

国分寺駅から徒歩10分。住宅街の中にある大きなフクロウのイラストの看板が目印の「ふくろう茶房」。フクロウと触れあったり、愛好家が交流できる場所にしたいと3年前にオープンしました。

店頭にはウッドデッキがあり、そこには看板のモデルにもなったヨーロッパワシミミズクのライちゃんをはじめ、シロフクロウ、最大級のワシミミズクといわれ国内に数羽しかいないヒスパニアワシミミズクなど大型種が展示されています。この大型種たちのイン

ウッドデッキにはワシミミズクなど大型種が待機。リクエストすれば2kg以上あるフクロウを手に乗せてくれる

フクロウの置物やガラス細工なども販売中

フクロウはガラス扉に仕切られたスペースで待機。ペットショップも併設しており、常時100羽いる中からローテーションでカフェに連れてきている。今回はアフリカオオコノハズク3羽が待機

スタッフとお客さんの垣根がなく、店内はアットホームな雰囲気に包まれている

3歳になるアフリカワシミミズクのポピちゃんと一緒に来店した豊田さん

国分寺駅から坂を下りた住宅街にある。遠くからでもふくろうの看板が目立つ

店長のマサさん。爪切りやアンクレットの交換などアフターケアも行なう

外国人の来店も多い。多くがフクロウを手に乗せて楽しんでいく

パクトは非常に大きく、道行く人が足を止めてしばらく見入るほど。時には近所の子供たちが集まり動物園のような雰囲気になることもあるとか。

店内ではランチメニューをはじめ、ケーキやソフトドリンク、自家製梅酒などメニューは豊富。食後に、ガラス扉の向こう側で待機しているフクロウたちと触れあうことができます。また、常連にもなると自分のフクロウを連れてきてお客同士で交流するなど、フクロウ好きの憩いの場にもなっています。

同店では、お花見やバーベキュー、フクロウと出かけるバスツアーなどを開催しています。ここは一度行くとまた行きたくなる、フクロウ好きが集まるカフェなのです。

SHOP DATA

ふくろう茶房（カフェ部）

住所　東京都国分寺市東元町3-15-1
TEL　050-5280-8033
営業時間
平　日　11時～17時
土日祝　11時～18時
定休日　火曜日、木曜日 時々臨時休業
URL
http://www.hukurousabou.sakura.ne.jp

これから飼いたい人も！

モリフクロウ好きの集い

モリフクロウの愛好家が発起人となって
開催されたモリフクロウの会（通称モリ会）。
各自がモリフクロウを連れてきて、
飼い方や飼育上の悩み事について語り合いました

フクロウがいなければ普通の飲み会。そのように思えるくらい明るく親しみやすい雰囲気

寄り添う3羽のモリフクロウ。このような光景はおっとりした性格ならでは。女性に人気なのも納得

唯一の男性愛好家が飼うブラジルモリフクロウ。その後方では、女子トークで盛り上がっている

スマホ片手にモリフクロウを撮影。人馴れした個体ばかりなので、いろいろな表情を撮れる

前ページで紹介の「ふくろう茶房」。その店内で知り合ったモリフクロウを飼育するお客さん同士が盛り上がり、食事会をすることになったのがきっかけで「モリ会」が開催されるようになりました。最初は、数人が仕事終わりにふくろう茶房に集まっていた程度でしたが、これから飼いたいという人も参加するようになり、徐々に参加者は増えていきました。

取材時の参加者は9人ですが、そのうち8人が女性。ほぼ女子会といった様子です。そして、今回もフクロウカフェに通ううちにモリフクロウを飼いたくなったという女性が参加していました。

「仕事も年齢もバラバラで、共通しているのはモリフクロウ好きということくらい。みんなで仲良くいろんな会話を楽しんでいます」

発起人の1人はこのように話し、共通の趣味をもつ仲間たちと会うことを楽しみにしている様子でした。

「ふくろう茶房」を貸し切って開催された今回のモリ会。途中で、店長のマサさんによる爪切りのデモンストレーションなどが披露されました。カフェは、フクロウたちとの触れあいを主なサービスとしていますが、同店は愛好家主催のイベントにも積極的に協力してくれます。

飼育風景拝見！ その1

シロフクロウとの同居を実現!!

大角真由さん

念願のシロフクロウのヘドウィグくん

アビシニアワシミミズクのグリフィンくん。目の縁が赤みがかったオレンジに色づくのが特徴。ふだんはテーブルにあるボウパーチが縄張り

1歳を迎えたコキンメフクロウのパフちゃん。おとなしいが、他のフクロウに動じることはない

1LDKのリビングにカーペットと人工芝を敷いて3羽と暮らしている

映画で見たシロフクロウに一目惚れしてフクロウが好きになったという真由さん。テーマパークのフライトショーなどで間近に見たフクロウにより感動し、飼育することを決断。いきなり大型種を飼育する自信はなかったので、ショップで勧められた初心者向きの小型種コキンメフクロウを購入しました。

しかし、小型種では物足りず、数ヵ月後には中型種のアビシニアワシミミズクを購入。2羽の飼育で自信をつけ、ついに憧れのシロフクロウを迎え入れました。今では、小・中・大の3種類のフクロウと同居することに。真由さんのフクロウ愛も半端ではありません。

餌やりですが、コキンメフクロウとアビシニアは、ヒヨコが中心。時折、コキンメフクロウにはウズラ、アビシニアはMサイズのマウスを与えます。大型種のシロフクロウはヒヨコ5羽とLサイズのマウスを様子を見ながら与えています。

早朝、アビシニアとシロフクロウは順番に手に乗せて外を散歩するなど、毎日フクロウとのコミュニケーションを楽しんでいます。3羽の世話で大変かと思いましたが、むしろ充実した生活を送っているようです。

やんちゃと甘えん坊 2羽のフクロウから元気をもらう！

江藤勇也さん・堀米咲帆さん

飼育風景拝見！ その2

フクロウを飼ってからクジに当選するなど運がよくなったという江藤さん。咲帆さんはフクロウ愛好家との交流が広がり、日々が充実してきたという

在宅時は他の部屋に行かないようにして放し飼い。パソコンに向かうと銀次がすぐに背もたれに飛んでくる

1部屋で2羽を管理。餌代は2羽で1月1万円ほど。留守にする時は、パーチに係留してエアコンで温度管理する

「銀次は2匹目なんですよ。初代の銀ちゃんは買って1週間で死んでしまって。あまりのショックで会社も休んだほどです」

2代目となる銀次（アフリカワシミミズク）を可愛がりながら、当時のことを振り返る江藤さん。2代目を迎え入れるまでの1年間は、とても長く感じられたといいます。2代目の銀次は元気すぎるほどで、部屋でパソコン作業をしていると椅子の背もたれに飛んできて、時々机に降りては江藤さんに甘えています。

ルームメイトの咲帆さんにも、アカアシモリフクロウのめめちゃんという相棒がいます。最初はフクロウに興味はなかったものの、銀ちゃんを見て可愛いと感じていました。フクロウカフェのオフ会に参加する機会があり、それがきっかけとなってフクロウ愛好家の仲間入りを果たしました。

現在のフクロウ部屋は2DKの一室。ペットシーツを敷いた上にパーチを配置し、周囲をマット式の人工芝で囲っています。銀次はやんちゃで、めめちゃんはちょっと引き気味。そのため、係留場所はそれぞれ部屋の隅に置かれています。

フクロウの急死という悪夢を乗り越え、今では2人ともフクロウたちに元気をもらっている様子でした。

飼育風景拝見！その3

モリフクロウ2羽をリビングで放し飼い

山田志保美さん

オスのモリモリくん（3歳）とメスのモンちゃん（2歳）。1羽目のモリモリくんは手に乗るまで人に馴らしてある若鳥を選びましたが、1年のフクロウとの生活を経て迎えた2羽目のモンちゃんは生後2ヵ月の雛で購入しました。

山田さん宅は2階プラス屋根裏部屋の一軒家で、フクロウの飼育部屋は屋根裏にあります。ここにはスクエアパーチを設置。足元に水入れを置き、係留リードは繋いでいません。猫も飼っているのですが、お互い干渉しないようです。

日中は2羽とも屋根裏部屋から出てきませんが、18時をすぎると階段を降りて1階までやって来ます。しばらくはリビングや和室で家族と遊んだり、和室のカーテンレールに止まったりして過ごします。

20時はご飯の時間です。1回の餌量は1羽につきヒヨコ2羽、もしくはウズラ1羽。他に定期的にマウスも与えています。毎日、放し飼いにされているリビングで2〜3時間は動いているので、ウズラ1羽を与えてもカロリーオーバーにはならないようです。餌は、体重計に乗ってから最初の1切れを与えます。このように体重管理も徹底しているので、2羽のモリフクロウは元気いっぱいです。

姉の恵理奈ちゃんと弟の和明くん。お母さんの影響があるものの、2人とも色違いのフクロウのTシャツを着るほどフクロウ好き。モリモリくんと一緒にリビングでお昼寝

屋根裏部屋に置いたスクエアパーチがモリフクロウの係留場所。後ろにある窓から逃げないよう注意している

リビングで驚いたことがあると、キッチン奥にある冷蔵庫の上に逃げ込む

猫よりフクロウが強く、1階と屋根裏がフクロウで、猫は2階が縄張り。リビングでは親子でフクロウ飼育を楽しんでいる

東口のいけふくろう像だけではない。池袋西口の駅前広場にはフクロウ親子3人を模した巨大な植え込みがある

芸術劇場前にて。フクロウを連れて街中を歩くと多くの人が集まってくる。池袋でのフクロウの関心の高さには驚かされる

飼育風景拝見! その4

フクロウで街おこし

小林弘明さん

漫画「ベンジー」の作者である立沢克美氏が小林さん宛てに描いた色紙

生後約6ヵ月のベンガルワシミミズク。ふだんは自宅で飼育しているが、事務所のマスコットとして出勤する。来訪者からの評判も上々!

池袋に生まれ育ち、豊島区議会議員として活動する小林弘明さん。区内には多くの漫画家が在住しており、マンガやアニメに関するイベントが多く開催されています。小林さんはマンガやアニメ、サブカルチャーへの造詣が深く、これらのイベントにも数多く関わってきました。そして今、街おこしの起爆剤としてフクロウに着目しています。

池袋は駅の待ち合わせスポットとして「いけふくろう」像が建立されるなど、古くからフクロウと縁がある街です。また、池袋の地名の由来が、「昔フクロウが生息していたから」という説もあります。

「いけふくろう」像は東口ですが、近年では西口にフクロウを象った植物のオブジェが設置されました。駅前だけでなく、街中がフクロウに染まりつつあります。フクロウによる街おこしをする機運も、かなり高まってきました。

さらに追い風となったのは、ベンガルワシミミズクを題材とした漫画家・立沢克美氏の新作「ベンジー」の登場です。マンガに精通する小林さんは、早速ベンガルワシミミズクをペットとして迎え入れてベンジーと命名。自宅で飼育しながら事務所のマスコットとしてかわいがっています。

近頃はフクロウのTシャツを着て街を歩き回るなど、「池袋はフクロウ」のイメージを定着させる活動にも取り組んでいます。

第3章

フクロウ図鑑

海外からの輸入だけでなく、国内ブリードされるフクロウの流通も年々増えています。近年では、常時 20 ～ 40 種類のフクロウが全国のペットショップに流通するようになりました。初心者向けの定番種から注目度が高い稀少種まで、人気フクロウをセレクトしました

■個体データの記載方法について

学名・英名：国内で呼ばれる和名を中心に学名と英名を記載しています。なお、種類によっては、亜種または別種の見解が別れるものもありますが、それらは輸入された段階で把握できた情報を記載しています。

全長・体重：成鳥での全長と体重を記しました。ただし、個体差や飼育方法によって、本項で記載した数値を下回ったり、上回ったりすることがあります。

分布：代表的な分布域を記載、図示しました。温度や湿度、飼育環境の参考と捉えてください。

生息環境：分布域同様、代表的な生息地の環境を記載しました。

食性：自然下で捕獲している動物を記載しています。

特徴:その種の見た目や性質の特徴を記します。

メンフクロウ

学名 *Tyto alba*

英名：Barn owl
全長：30 ～ 45cm
体重：200 ～ 480g
分布：北アメリカ南部、南アメリカ、南アフリカ、西・東南アジア、オーストラリアなど
生息環境：牧草地帯、木が点在する丘陵地帯、人の生活圏近くにも営巣する
食性：ネズミやウサギなどの小型哺乳類、鳩くらいまでの小型鳥類、小型爬虫類、昆虫類
特徴:ハート型をした顔が、お面をつけているように見えることから、この和名が付けられた。活発で順応性が高く、調教によってはフリーフライトも楽しめる

分布域

メンフクロウの亜種
クロメンフクロウ。
顔盤が黒く
色づくのが特徴

生後約１ヵ月の雛

わずかに毛が生えた
生後１週間ほどの雛

ニセメンフクロウ

学名 *Phodilus badius*

英名：(Oriental) bay owl
体長：23 ～ 33cm
体重：250 ～ 310g
分布：東南アジア、インド北東部、ベトナム、マレー半島など
生息環境：常緑樹や二次林のある低地、丘陵地帯
食性：小型哺乳類、小型鳥類、爬虫類、両生類、昆虫
特徴：頭部から嘴にかけて角張った顔盤をもつ。夜行性で昼間は寝ていることが多い。寒さに弱いので、冬の管理に注意する

分布域

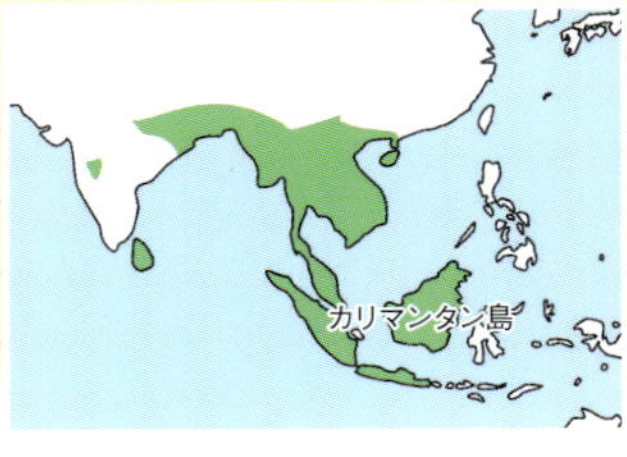

メガネフクロウ

学名 *Pulsatrix perspicillata*

英名：Spectacled owl
体長：40 ～ 50cm
体重：550 ～ 980g
分布：メキシコ南部から南アメリカ中央部、アルゼンチン北部
生息環境：熱帯・亜熱帯の森林、潅木林
食性：ネズミやウサギなどの小型哺乳類、小型鳥類、昆虫、クモ、カニ
特徴：成長すると全身が黒みを増す。中型種だが、温和な性質で女性でも取り扱いやすい

分布域

目の周囲の白い縁取りがメガネに見えることから名付けられた。
幼鳥は全体が白い羽毛で覆われていて、成長とともに顔部が黒く変化していく

後ろから見ると鷹のように尾羽が長いのがよく分かる。パーチは高さのあるものを用意し、尾羽が地面につかないようにする

オナガフクロウ

学名 *Surnia ulula*

英名：Northern hawk owl
体長：35 ～ 45cm
体重：270 ～ 400g
分布：ヨーロッパからユーラシア北部にかけて、北アメリカ
生息環境：低地の針葉樹林帯、湿地
食性：小型哺乳類、小型鳥類、爬虫類、両生類、昆虫、魚類
特徴：和名の通り、尾羽が長いのが特徴。また、細長くシャープな体型と羽根や胸の色合いなど、全般的に鷹に似た外見をしている。

分布域

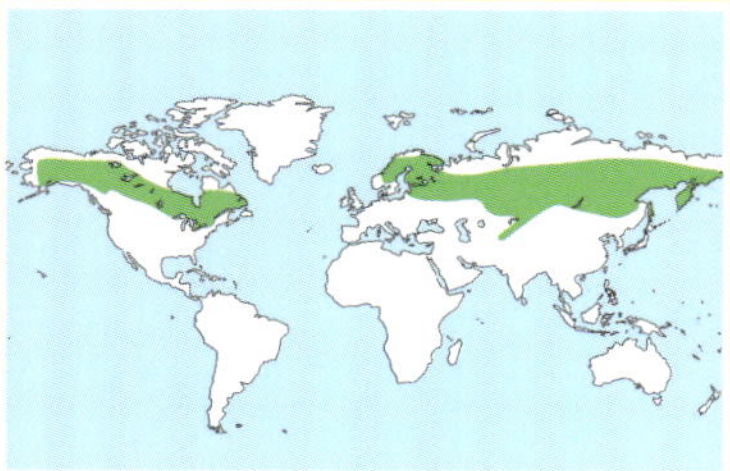

灰色の羽毛で覆われた雛

オスはメスに比べて体の褐色模様が少ない

メスは体に入る模様が色濃い

シロフクロウ

学名 *Bubo scandiacus*（*Nyctea scandiaca*）

英名：Snowly owl
体長：55 ～ 70cm
体重：700 ～ 3000g
分布：アイスランド、カナダ北部、アラスカ、シベリア、ロシア、グリーンランドなど北極圏
生息環境：北極に近いツンドラ地帯
食性：ネズミやウサギなどの小型哺乳類、鳥類、昆虫、魚
特性：北極圏に分布する大型種。冬は南下するが、その時ごく稀に北海道に飛来する。繁殖は地面を掘って巣穴を作る

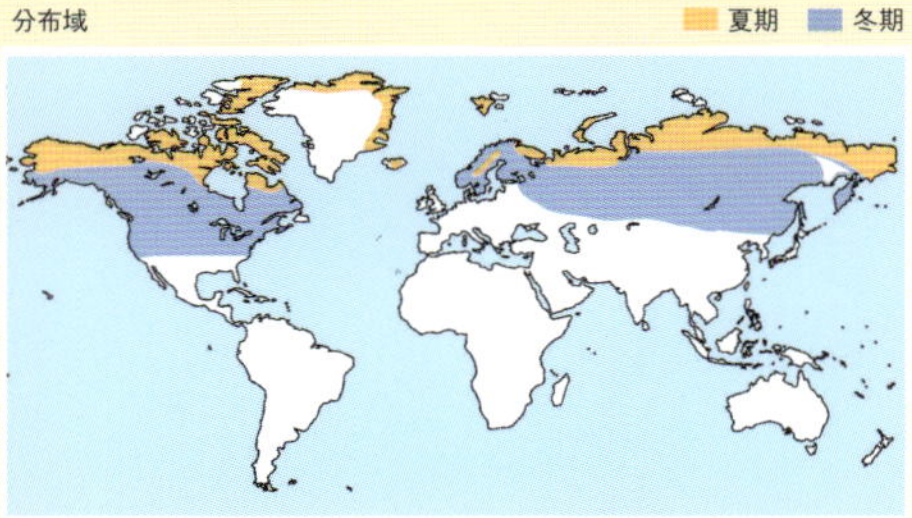

生後約1ヵ月の雛。
本種はオレンジ色の顔盤に
褐色の丸い目をもつのが特徴。
顔は雛の時から
オレンジ色に染まる

生後約2ヵ月に
成長した若鳥

オオフクロウ

学名 *Strix leptogrammica*

英名：Brown Wood Owl
体長：35 ～ 55cm
体重：500 ～ 1100g
分布：インド南部、ミャンマー、タイ、マレー半島、スマトラ島
生息環境：海岸付近の低地熱帯林
食性：ネズミやウサギなどの小型哺乳類、鳥類、爬虫類
特徴:成長すると体長50cmに達する大型種。あまり活動的ではないので、
環境さえ整えれば室内飼育ができる

分布域

アカアシモリフクロウ

学名 *Strix rufipes*

英名：Rufous-legged owl
体長：33 ～ 38cm
体重：300 ～ 400g
分布：パラグアイ、アルゼンチン、チリなどの南アメリカ
生息環境：森林
食性：ネズミやウサギなどの小型哺乳類、鳥類、昆虫
特徴：成鳥すると脚が赤（茶褐色）に色づくのが特徴。大きな瞳が可愛らしく温和な性質なので人気が高い。軽量の中型種なので女性でも飼いやすい

分布域

薄茶系の体色をしたブラウンモルフ

茶系だが
黒い毛が見られない
珍しい個体。
繁殖個体では
ごく稀に現れる

体が灰色に染まる
グレーモルフ

モリフクロウ

学名 *Strix aluco*

英名：Tawny owl
体長：30 ～ 45cm
体重：400 ～ 600g
分布：ヨーロッパ全域、北西アフリカ、中国東部
生息環境：広葉樹と針葉樹の混交林、人の生活圏にある森林
食性：小型哺乳類、鳥類、爬虫類、カエル、魚類、昆虫
特徴：温和な性質で大きさも手頃なことから、はじめて飼うフクロウとして人気が定着している。体色はグレー系とブラウン系の２タイプがある

分布域

生後約3ヵ月の個体

ブラジルモリフクロウ

学名 *Strix hylophila*

英名：Rusty-barred owl
体長：35 ～ 45cm
体重：300 ～ 650g
分布：ブラジル、パラグアイ、アルゼンチン
生息環境：森林
食性：小型哺乳類、鳥類、爬虫類、カエル、昆虫
特徴：ブラジルを中心とした南米に分布。体色は薄茶と白がベース、顔色も茶色がかることでモリフクロウとは区別できる

分布域

生後約40日が経過した個体

カラフトフクロウ

学名 *Strix nebulosa*

分布域

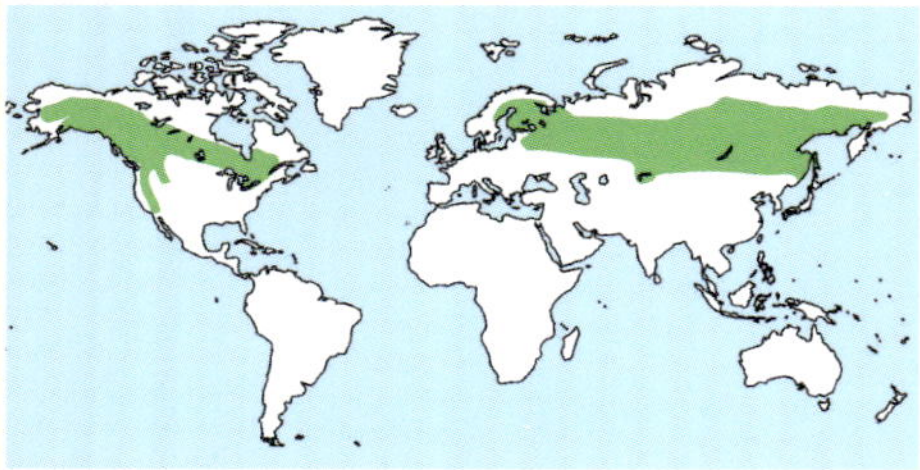

英名：Great grey owl
体長：55 ～ 70cm
体重：800 ～ 1700g
分布：スカンジナビア半島からシベリア、サハリン、アラスカ、カナダ、アメリカ北西部
生息環境：寒帯や湿地帯の針葉樹林
食性：ネズミなどの齧歯類、鳥類、昆虫
特徴:大型で円形をした顔盤が特徴。聴覚がとても発達しており(フクロウの顔盤は聴覚器官でもある)、獲物の位置を正確に捉えるのに役立っている。暑さに弱いので、夏は涼しい場所で管理する

ウラルフクロウ

学名 *Strix uralensis*

分布域

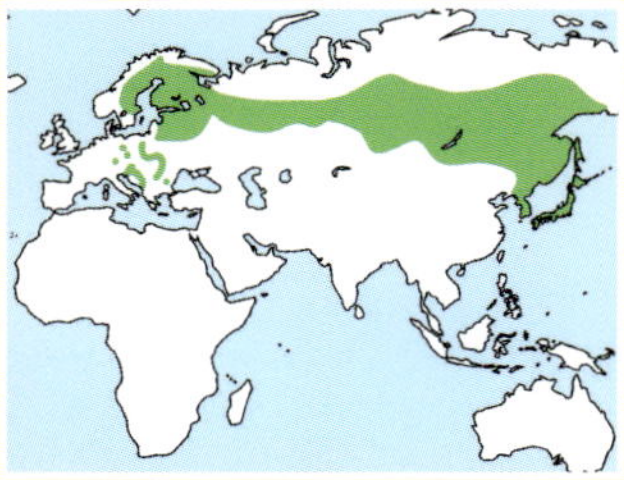

英名：Ural owl
体長：ユーラシア大陸北部、シベリア、朝鮮半島、日本
体重：48 ～ 62cm
分布：500 ～ 1300g
生息環境：針葉樹林、広葉樹林
食性：ネズミを中心とした哺乳類、鳥類、小型爬虫類、カエル、昆虫
特徴：顔を縁取る羽毛で顔盤がハート型になっている。また、クリッとした黒目が特徴。自然下ではネズミなど小型哺乳類を主食としているが、飼育下ではヒヨコや昆虫などもよく食べる。単に「フクロウ」 というとこの種を指すこともある

生後約1ヵ月が
経過した個体

生後
約2週間の雛

ナンベイヒナフクロウ

学名 *Strix virgata*

英名：Mottled owl
体長：30 ～ 40cm
体重：170 ～ 350g
分布：メキシコからコロンビア、アルゼンチン北東部までの中央・南アメリカ
生息環境：高温多湿の森林や密林
食性：ネズミなどの小型哺乳類、爬虫類、カエル、昆虫
特徴：茶色い顔で、胸部が白と茶褐色の斑模様をするのが特徴。成鳥になっても体重300g台と小型・軽量。成鳥でも雛のような顔立ちをしていることから、この和名がつけられた

分布域

アナホリフクロウ

学名 *Athene cunicularia*

英名：Burrowing owl
体長：18 ～ 25cm
体重：120 ～ 250g
分布：南北アメリカ、中央アメリカ、南アメリカ
生息環境：サバンナ地帯、砂漠、草原、人里近くの森林
食性:甲虫、クモ、サソリ、小型哺乳類、両生類、小型鳥類
特徴：地面を歩き回ることが多く、自然下ではプレーリードッグやアナグマが使った巣穴を利用する。飼育下でも歩き回る姿を観察できる。自ら巣穴を掘るという意味で和名がつけられたが、実際はほとんど巣穴を掘らない

分布域

アカスズメフクロウ

学名 *Glaucidium brasilianum*

英名：Ferruginous pygmy owl
体長：15 ～ 20cm
体重：45 ～ 100g
分布：アメリカ南部、メキシコからアルゼンチンまでの中央・南アメリカ
生息環境：熱帯・亜熱帯の森林、多湿の原生林・二次林
食性：昆虫、小型哺乳類、小型鳥類
特徴：和名の通り、スズメのような外見の小型種。ちょっとした怪我などが致命傷（物にぶつかって骨折）になるので飼育環境には注意が必要。寒さに弱い面があるので、冬場の温度管理に注意する

分布域

コキンメフクロウ

学名 *Athene noctua*

英名：Little owl
体長：18 ～ 25cm
体重：100 ～ 220g
分布：ヨーロッパ全域、東南アジア、北アフリカ
生息環境：潅木地帯、草原、いわば、人里近くの森林
食性：昆虫、小型爬虫類、両生類、小型哺乳類、小型鳥類
特徴：自然下ではトカゲやヘビを捕獲するなど、日中から活発に行動する。攻撃的な性質なので複数飼育には要注意。また、人に噛み付くこともある

分布域

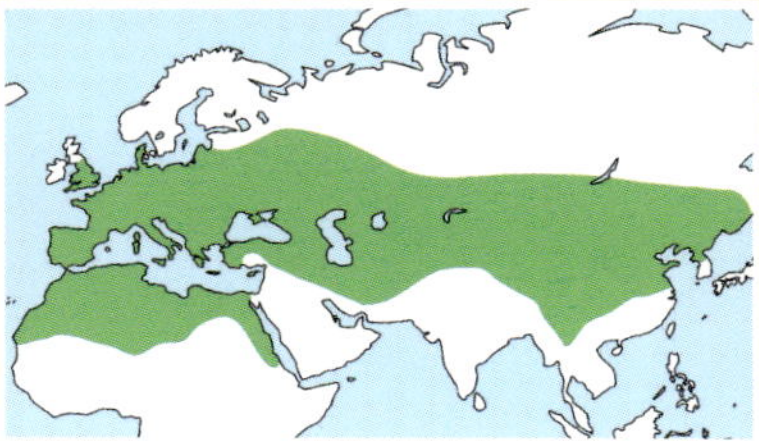

キンメフクロウ

学名 *Aegolius funereus*

英名：Boreal owl
体長：20 ～ 28cm
体重：100 ～ 200g
分布：北アメリカ、ユーラシア大陸北部
生息環境：針葉樹林
食性：ネズミなどの齧歯類、小型鳥類
特徴：コキンメフクロウに比べて顔盤が大きい。また虹彩が金色なのが特徴。性質はおとなしく、やや神経質な面がある

分布域

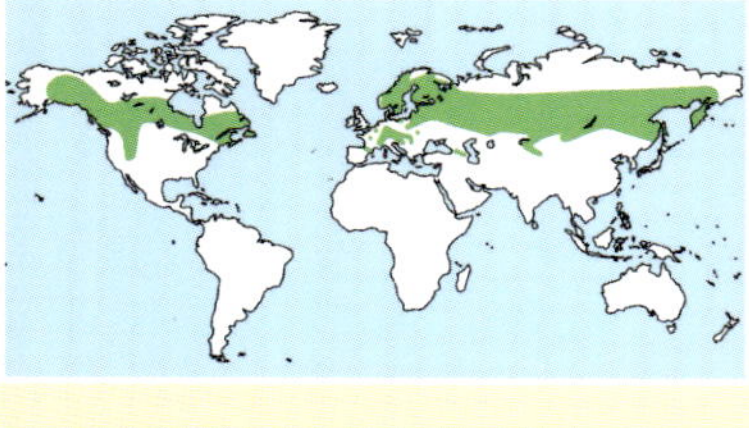

インド
コキンメフクロウ

学名 *Athene brama*

英名：Spotted owlet（Spotted little owl）
体長：18 ～ 24cm
体重：100 ～ 150g
分布：イラン、インド、南西アジア
生息環境：森林、半砂漠、人里近くの農園や森林
食性：昆虫、トカゲ、ネズミなどの小型齧歯類、小型鳥類
特徴：スポッテッドの英名の通り、羽根と胸に斑点が入るのが特徴（コキンメフクロウは縦縞模様）。性質は攻撃的で落ち着きがない。餌やりの時に逃がさないよう、係留リードはしっかりと繫げておくこと

分布域

タテジマ
ウオクイフクロウ

学名 *Scotopelia bouvieri*

英名：Vermiculated fishing owl
体長：45 ～ 55cm
体重：700 ～ 900g
分布：ナイジェリア、コンゴなど中央アフリカ
生息環境：川沿いや湖畔の森林
食性：魚類、カニ、カエル、小型鳥類、小型哺乳類
特徴：脚が長くふ蹠から踵にかけて羽毛は少ない。自然界では水辺に自生していて魚類やカニを捕獲するが、飼育下では無理に魚を与える必要はない

分布域

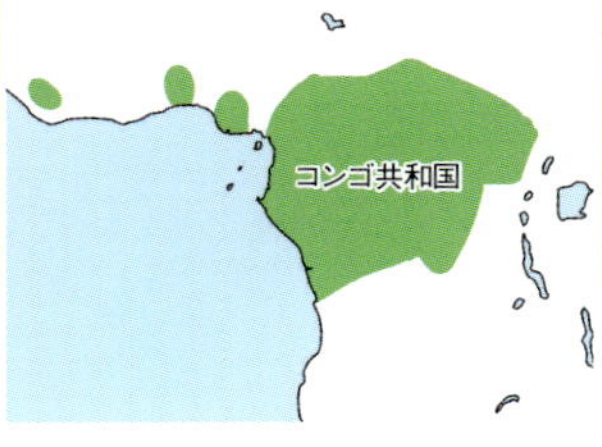

トラフズク

学名 *Asio otus*

英名：Long-eared owl
体長：30 ～ 40cm
体重：180 ～ 450g
分布：ユーラシア大陸から朝鮮半島、台湾、日本、北アフリカ、北アメリカからメキシコ
生息環境：針葉樹林、混交林
食性：齧歯類、小型鳥類、コウモリ、カエル
特徴：羽角が長くピンと立つ。敵が近づくと体を長く伸ばして木の枝に擬態する習性があるが、この仕草は飼育下でも観察することができる

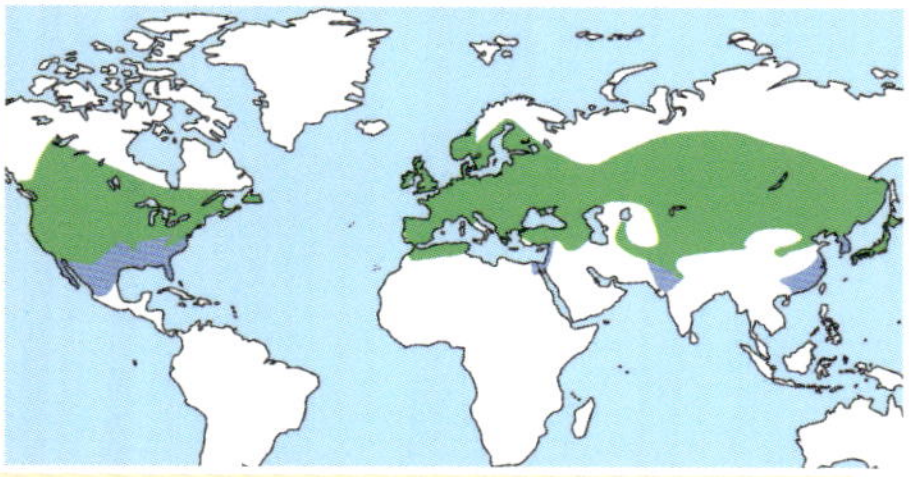

分布域
冬期

インドオオコノハズク

学名 *Otus bakkamoena*

英名：Indian scops owl
体長：18 ～ 25cm
体重：120 ～ 160g
分布：パキスタン、インド、スリランカ
生息環境：森林、人里付近の果樹園など
食性：昆虫、ネズミなど齧歯類、爬虫類
特徴：成鳥になっても体重200g未満の小型種。体の割には大きな目をしている。自然下では甲虫やバッタなどの昆虫類をおもに捕獲している

分布域

生後
約1ヵ月の雛

ヨーロッパコノハズク

学名 *Otus scops*

英名：Common scops owl
体長：15 ～ 20cm
体重：60 ～ 140g
分布：北部を除くヨーロッパ内陸部、モロッコ、チュニジア、中央アジア
生息環境：林のある農地、人里近くの森林
食性：昆虫、トカゲ、ヤモリなどの爬虫類、カエル
特徴：全身が薄茶色をした小型種。自然下では昆虫を主食としているが、飼育下ではヒヨコをメインに与える。夜行性で昼間は寝ていることが多い

分布域　夏期　冬期

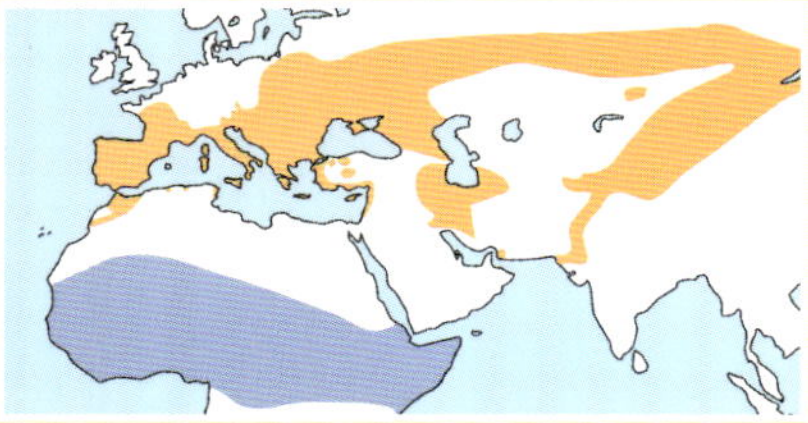

スピックスコノハズク

学名 *Otus choliba*

英名：Tropical screech-owl
体長：20 ～ 24cm
体重：90 ～ 160g
分布：コスタリカからアルゼンチンにかけての南アメリカ北西部
生息環境：潅木地帯、熱帯雨林、人里近くの森林
食性：昆虫、齧歯類、爬虫類
特徴:丸みがあり、胸に細い縦縞模様が入る。羽根色は灰色から薄茶、褐色などバリエーションが見られる。小型種が多いコノハズクの中でも、比較的人に馴れる

分布域

生後１週間
ほどの雛

生後30 ～ 40日が
経過した個体

アフリカオオコノハズク

学名 *Ptilopsis granti*（*Ptilopsis leucotis*）

英名：Southern white-faced owl（Northern white-faced owl）
体長：18 ～ 25cm
体重：120 ～ 280g
分布：ガボン、ウガンダ、ケニア、ナミビア、南アフリカ
生息環境：乾燥した森林・潅木地帯
食性：サソリ、クモ、昆虫、爬虫類、小型鳥類、小型哺乳類
特徴：グレーの羽根色とオレンジ色の虹彩をもつ。本種はアフリカ南部と北部で２亜種に分類される。市場では南部産の繁殖個体が多く流通している

ミナミアフリカコノハズクの分布域

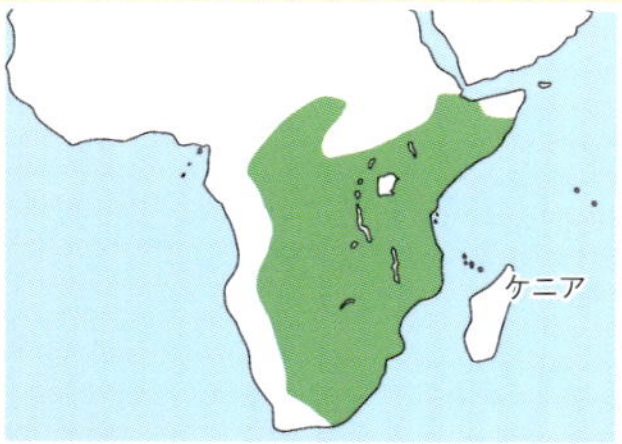

ニシアメリカ オオコノハズク

学名 *Otus kennicottii*

英名：Western screech-owl
体長：20 ～ 24cm
体重：120 ～ 250g
分布：北アメリカからメキシコにかけて
生息環境：川岸の森林、砂漠地帯
食性：昆虫、小型哺乳類、小型鳥類、爬虫類
特徴：黒と濃茶褐色の羽根色で虹彩は黄色。小型種だが強力な脚と鋭い爪をもつ。北米大陸の東西で２亜種に分類されるが、国内に流通するのはほとんどが西アメリカ産

分布域

サバク オオコノハズク

学名 *Otus brucei*

英名：Pallid scops owl
体長：16 ～ 22cm
体重：100 ～ 120g
分布：中東アジア、アラビア東部、アフガニスタン
生息環境：落葉樹林、岩場、渓谷
食性：昆虫、小型哺乳類、小型鳥類、爬虫類
特徴：外見はヨーロッパコノハズクに似るが、本種は丸みのある体型で羽根色がグレーがかる。人によく馴れ、とても飼いやすい

分布域　夏期　冬期

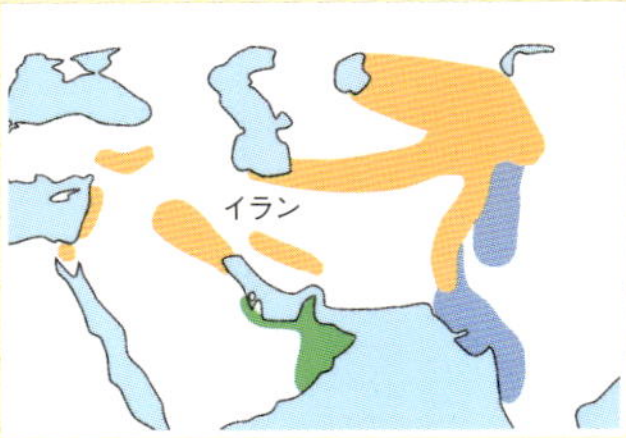

北米(カナディアン)タイプ

アメリカワシミミズク

学名 *Bubo virginianus*

英名：Great Horned Owl
体長：50 ～ 60cm
体重：680 ～ 2500g
分布：アラスカ、カナダ、中央アメリカ、南アメリカ
生息環境：森林地帯や岩場、潅木の生えた半砂漠地帯など
食性：小型哺乳類、鳥類、爬虫類、昆虫
特徴：大型ワシミミズクの代表種。北に行くほど体色が白くなるなど、分布域によって体色が異なる。なかでも体色が白っぽい北米タイプが多く流通する

分布域

全身が茶色がかるのが特徴のノーマルタイプの雛

北米タイプの雛

本個体も北米(カナディアン)タイプ。約1歳

パタゴニア ワシミミズク

2015年12月、欧州から輸入された個体。パタゴニアは南アメリカのアルゼンチンとチリにまたがる南緯0度以南の地域の総称。この地域は年間を通して低温で風が強く、氷河が広がる。名前からパタゴニア付近に生息すると思われるが、詳細は不明。アメリカワシミミズクの亜種(中南米タイプ)とも言われている。

分布域

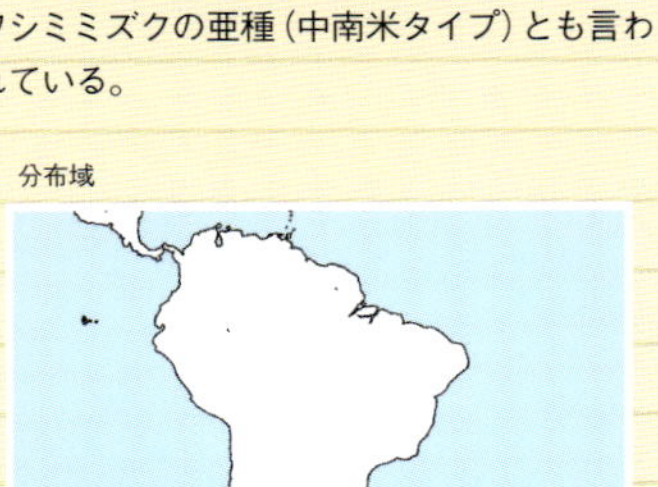

ワシミミズク（ユーラシアワシミミズク）

学名 *Bubo bubo*

分布域

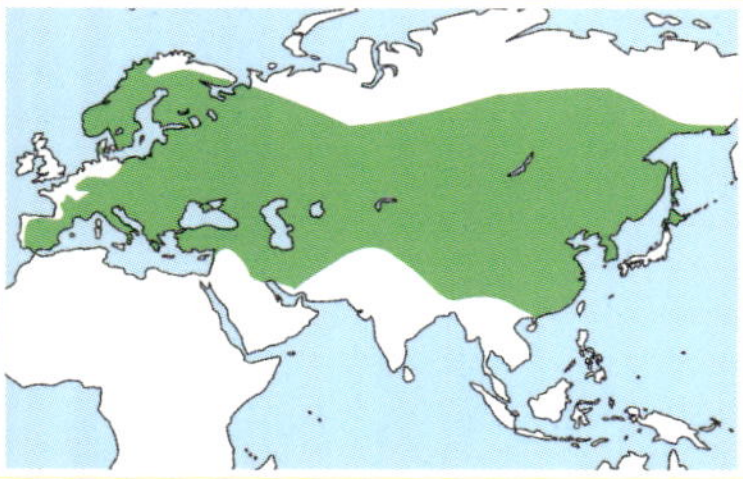

英名：Eurasian eagle owl
体長：55 ～ 85cm
体重：1500 ～ 4200g
分布：ユーラシア大陸全域
生息環境：山岳地帯、峡谷、森林、草原、砂漠
食性：ノウサギなどの中型哺乳類、鳥類、爬虫類、カエル、コウモリ
特徴：アメリカワシミミズクと並ぶヨーロッパ大陸原産の代表種。茶褐色の羽根色にオレンジ色の虹彩をもつ。本種もシベリアなど北部に行くほど体色が白くなる

生後約１ヵ月の雛

若鳥

ワシミミズクの中でも、シベリア、
ウラルに分布するシベリア
ワシミミズクの人気は高い。
北にいくほど大型になり、全体に
より白く染まる特徴がある

シベリアワシミミズク
Bubo bubo sibiricus
ワシミミズクの一亜種。
生息範囲が広く、
さまざまな亜種が知られている

ヒスパニア ワシミミズク

学名 *Bubo bubo hispanus*

2015年12月に欧州から輸入されたワシミミズクの亜種で、ワシミミズクでは最大級。名前からヒスパニア地方に生息すると思われるが詳細は不明。写真の個体は推定1歳前後。満腹時には体重3700gに達する。掴む力がかなり強く、イーグルグローブを着用しても万力で挟まれていると感じるほど。餌は多い時にはラットMサイズ1匹、ウズラ2羽、ヒヨコ8羽を食べる

トルクメニアン ワシミミズク

学名 *Bubo bubo turcomanus*

英名：Turkmenian eagle owl
体長：58 ～ 75cm
体重：1500 ～ 3200g
分布：ウラル地方、カスピ海、アラル海、トルキスタン、カザフスタン、モンゴル西部
生息環境：山岳地帯、峡谷、森林、草原、砂漠
食性：ウサギなどの中型哺乳類、爬虫類、昆虫
特徴：ワシミミズクに比べるとやや小型で羽根色が薄い。人に馴れる個体が多く、大型種が多いワシミミズクの中では取り扱いやすい

分布域

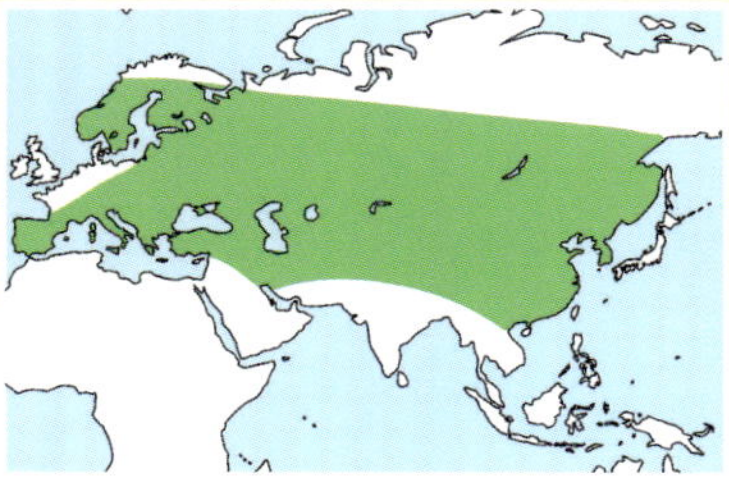

丈夫で飼いやすい
中型ワシミミズクの人気種。
写真は若鳥

ベンガルワシミミズク

学名 *Bubo bengalensis*

英名：Rock eagle owl、Indian eagle owl
体長：50 ～ 60cm
体重：1100 ～ 2000g
分布：パキスタン、インド、ネパール、ミャンマーなど
生息環境：半砂漠地帯、人里近くの森林
食性：ネズミなど齧歯類、鳥類、爬虫類、カエル、カニ、大型昆虫
特徴：羽根色は茶褐色で黒い斑紋が全体に入る。色鮮やかなオレンジ色の虹彩が目立つ。好奇心が強く人によく馴れる

分布域

従来、アメリカワシミミズク（*Bubo virginianus*）の
亜種として扱われてきたが、
DNA調査の結果、別種として
扱われるようになった

マゼランワシミミズク

学名 *Bubo magellanicus*

英名：Magellan horned owl
体長：40 ～ 50cm
体重：700 ～ 900g
分布：ペルー、ボリビア、アルゼンチン、チリ
生息環境：開けた低地から山地、牧草地、コケ類の多い半砂漠地帯
食性：小型哺乳類、鳥類、爬虫類、昆虫
特徴：南アメリカ西部に分布する小型のワシミミズク。人間の居住地近くまで飛来し、小型鳥類や爬虫類を捕獲する。薄茶の羽根色でオレンジ色の虹彩をもつ

分布域

アビシニアワシミミズク

学名 *Bubo cinerascens*

英名：Grayish eagle owl
体長：40 ～ 45cm
体重：400 ～ 500g
分布：ケニアからエチオピア、セネガルなど
生息環境：サバンナ、半砂漠地帯、潅木地帯
食性:小型哺乳類、小型鳥類、爬虫類、両生類、昆虫類
特徴：グレーの羽根色に黒の斑模様が入り、虹彩は茶色で目の縁がオレンジがかる。ワシミミズクの中では小さく、おとなしい性格なのでとても飼いやすい

分布域

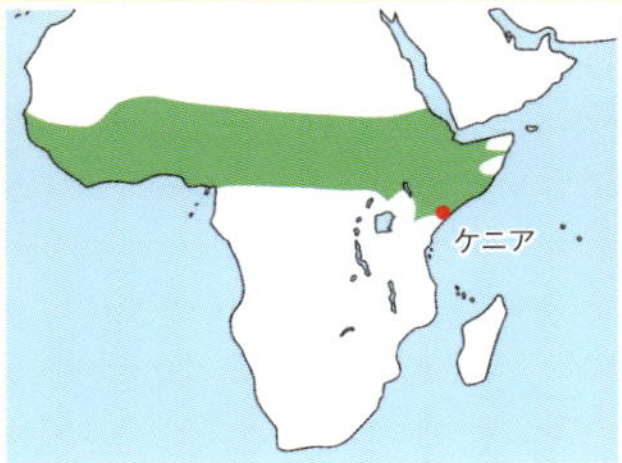

アフリカワシミミズク

学名 *Bubo africanus*

英名：Spotted Eagle Owl
体長：40 ～ 45cm
体重：480 ～ 850g
分布：赤道以南のアフリカ、アラビア半島の一部
生息環境：サバンナ、岩場、半砂漠地帯、林が点在する林野
食性：無脊椎動物、小型哺乳類、鳥類、昆虫
特徴：英名の通り、羽根全体に茶褐色の斑点が現れる。虹彩は黄色。ワシミミズクの中で最軽量といえる種類で、人にも馴れて飼いやすい

分布域

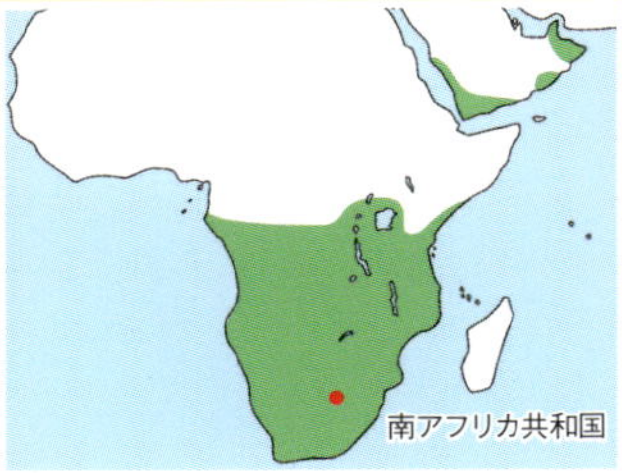

好奇心旺盛で
人に慣れやすい。
個体によっては気性が
荒いが、成長すると
徐々に落ち着いてくる

生後30 ～ 40日が
経過した個体

生後約３ヵ月の個体

クロワシミミズク（ミルキーワシミミズク）

学名 *Bubo lacteus*

英名：Verreaux's eagle owl
体長：60 ～ 65cm
体重：1600 ～ 3200g
分布：アフリカ大陸のサハラ砂漠より南からケープにかけて
生息環境：潅木地帯、草原、川沿いの森林
食性：中型哺乳類、鳥類、爬虫類、カエル、魚類
特徴：全身がグレーに染まるアフリカ最大級のワシミミズク。上まぶたは毛がなくピンク色の皮膚が露出する。ミルキーワシミミズクとも呼ばれる

分布域

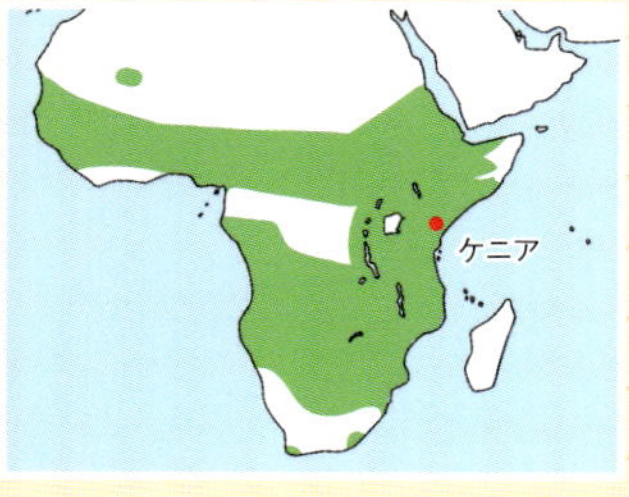

ケープワシミミズク

学名 *Bubo capensis*

英名：Cape eagle owl
体長：45 ～ 65cm
体重：900 ～ 1800g
分布：アフリカ南部・東部
生息環境：山岳地帯、警告
食性：ウサギなど哺乳類、鳥類、爬虫類、カエル、サソリ、カニ、大型昆虫
特徴:アフリカの東部と南部に点在する。濃茶色と白い斑点が入り混じった羽根色をする。オレンジの虹彩が鮮やかで華やいだ雰囲気をもつ

分布域

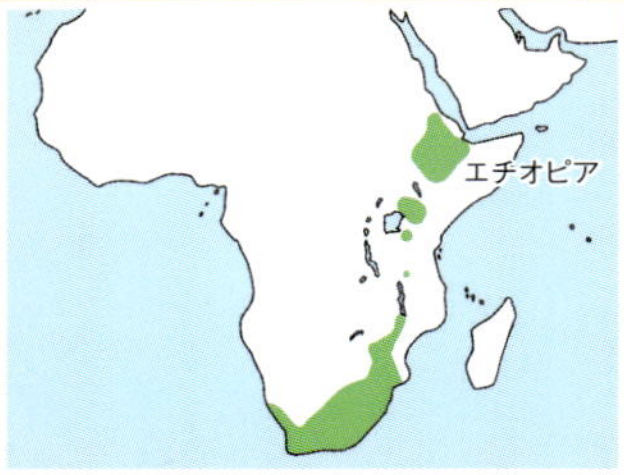

生後30～50日が
経過した雛たち

ニュージーランドアオバズク

学名 *Ninox novaeseelandiae*

英名：Morepork
体長：25～35cm
体重：150～300g
分布：ニュージーランド、タスマニア
生息環境：森林、植林、人里近くの森林
食性：昆虫類、小型鳥類、トカゲ、齧歯類
特徴：頭が丸く小さな嘴が突出する。顔盤は小さいのがアオバズクの特徴の１つで、この仲間は他のフクロウに比べて視覚が発達している

分布域

第4章

入手と準備

フクロウとはどんな生き物なのか？　初心者向けの種類とは？　フクロウを迎え入れる前に、自分に合った種類と個体選びから始めましょう

ペット向きのフクロウとは？

同じ種類でも個体によって出生（ワイルドかブリードか）や性格はさまざま。種類だけでなく、どの個体を選ぶかで飼い方が変わってきます

フクロウは犬や猫、小鳥やインコのようにペット化された生き物ではありません。人馴れした犬や猫のように、フクロウの方から人間に甘えてくることは皆無といえます。「犬猫感覚でフクロウと暮らす」と考えるのは現実的ではありませんが、犬猫とは違った魅力がフクロウにはあります。

フクロウの入手経路

国内にもフクロウは生息していますが、それらを捕まえて飼育することは法律によって禁止されています。そのため、国内でペットとして流通するのは、海外から輸入された個体か、それらを基に国内で繁殖された個体ということになります。フクロウの仲間の輸入はワシントン条約で制限されていますので、正規ルートで合法に輸入された個体である必要があります。

フクロウに限らず、違法に入手した生体を販売する業者は後を絶えません。そして、愛好家が違法（密輸）個体を見極めるのは困難です。きちんとしたショップや業者であれば、販売証明書を発行してくれます。証明書がないショップや業者からの購入は避けましょう。

WC個体とCB個体

野外採集された個体は、WC個体（Wild Caught：ワイルド・コート）と呼びます。一方、飼育下で繁殖された個体はCB個体（Captive Breed：キャプティブ・ブリード）と呼び、さらに親鳥に育てられたものは「ペアレントレアード」、人間が育てたものは「ハンドレアード」に分類されます。

WC個体は自然下で育ってきたため、人を敵と認識しているのでペットとして馴らすのには相当な労力と時間を要します。また、野生採集のため状態がよくないケースも多く、病気にかかっていたり、保菌している危険性があります。

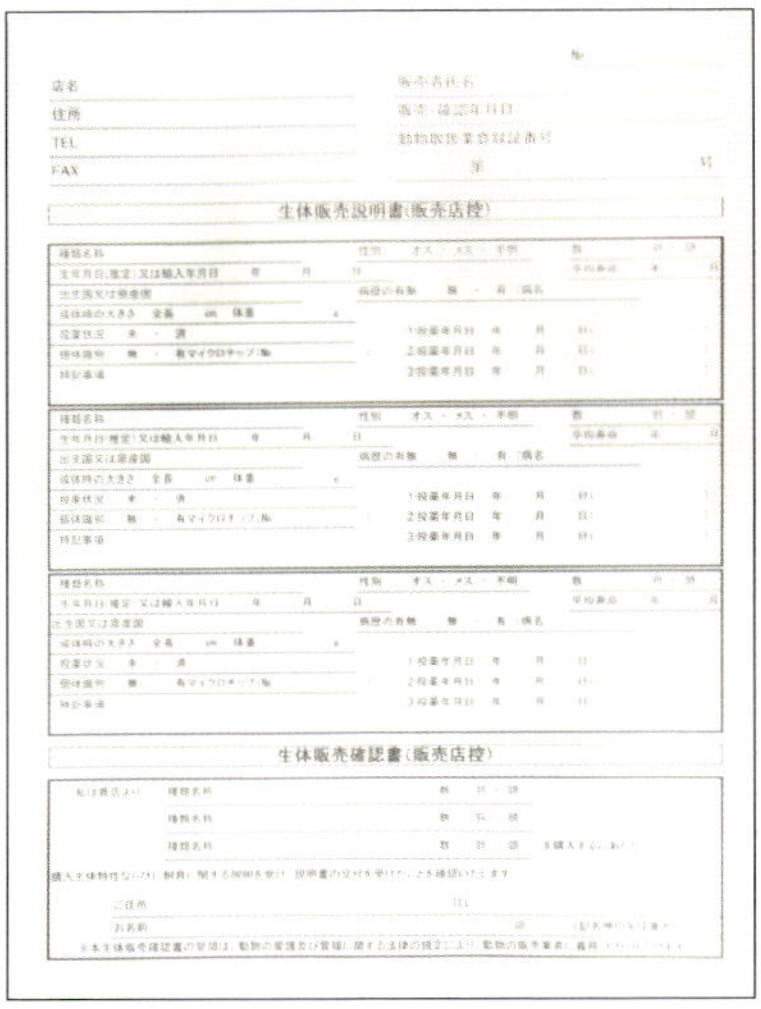

No.

店名　　　　販売者氏名
住所　　　　販売・確認年月日
TEL　　　　動物取扱業登録番号
FAX　　　　第　　　号

生体販売説明書(販売店控)

種類名称　性別　オス・メス・不明　数　羽・頭
生年月日(推定)又は輸入年月日　年　月　日　平均寿命　年
出生国又は原産国　病歴の有無　無・有（病名
成体時の大きさ　全長　cm　体重　g
投薬状況　未・済　1投薬年月日　年　月　日
個体識別　無・有マイクロチップNo.　2投薬年月日　年　月　日
特記事項　3投薬年月日　年　月　日

種類名称　性別　オス・メス・不明　数　羽・頭
生年月日(推定)又は輸入年月日　年　月　日　平均寿命　年
出生国又は原産国　病歴の有無　無・有（病名
成体時の大きさ　全長　cm　体重　g
投薬状況　未・済　1投薬年月日　年　月　日
個体識別　無・有マイクロチップNo.　2投薬年月日　年　月　日
特記事項　3投薬年月日　年　月　日

種類名称　性別　オス・メス・不明　数　羽・頭
生年月日(推定)又は輸入年月日　年　月　日　平均寿命　年
出生国又は原産国　病歴の有無　無・有（病名
成体時の大きさ　全長　cm　体重　g
投薬状況　未・済　1投薬年月日　年　月　日
個体識別　無・有マイクロチップNo.　2投薬年月日　年　月　日
特記事項　3投薬年月日　年　月　日

生体販売確認書(販売店控)

種類名称　数　羽・頭
種類名称　数　羽・頭
種類名称　数　羽・頭

ご住所　TEL
お名前　印

ペットショップが発行する販売証明書。書式は店舗によって異なるが、輸入または国内での出生日時など、個体情報が記載される

ショップに流通する個体

インプリントとは刷り込み、あるいは刻印づけといわれる学習過程のこと。「卵から孵った雛が最初に見た動くものについていく」というのが刷り込みの典型的な例として知られています。

実際は、孵化から巣立つまでの間に見聞きする親・兄弟を同種として認識したり、食性を覚えたり、周辺環境を繁殖する際の条件にすること

他ペットとの同居は？

フクロウ同士は、それぞれのケージを用意したり、距離を置いて係留すれば問題ありません。ハムスターなどの小動物はフクロウに捕食されるおそれがあります。小動物はケージに収容しましょう。犬は仕切り板があれば同じ部屋でも同居可能です。猫は部屋を分けるのが無難です。各ペットの居場所をきちんと確保すれば他ペットとの同居は可能です。

WC とCB の特性

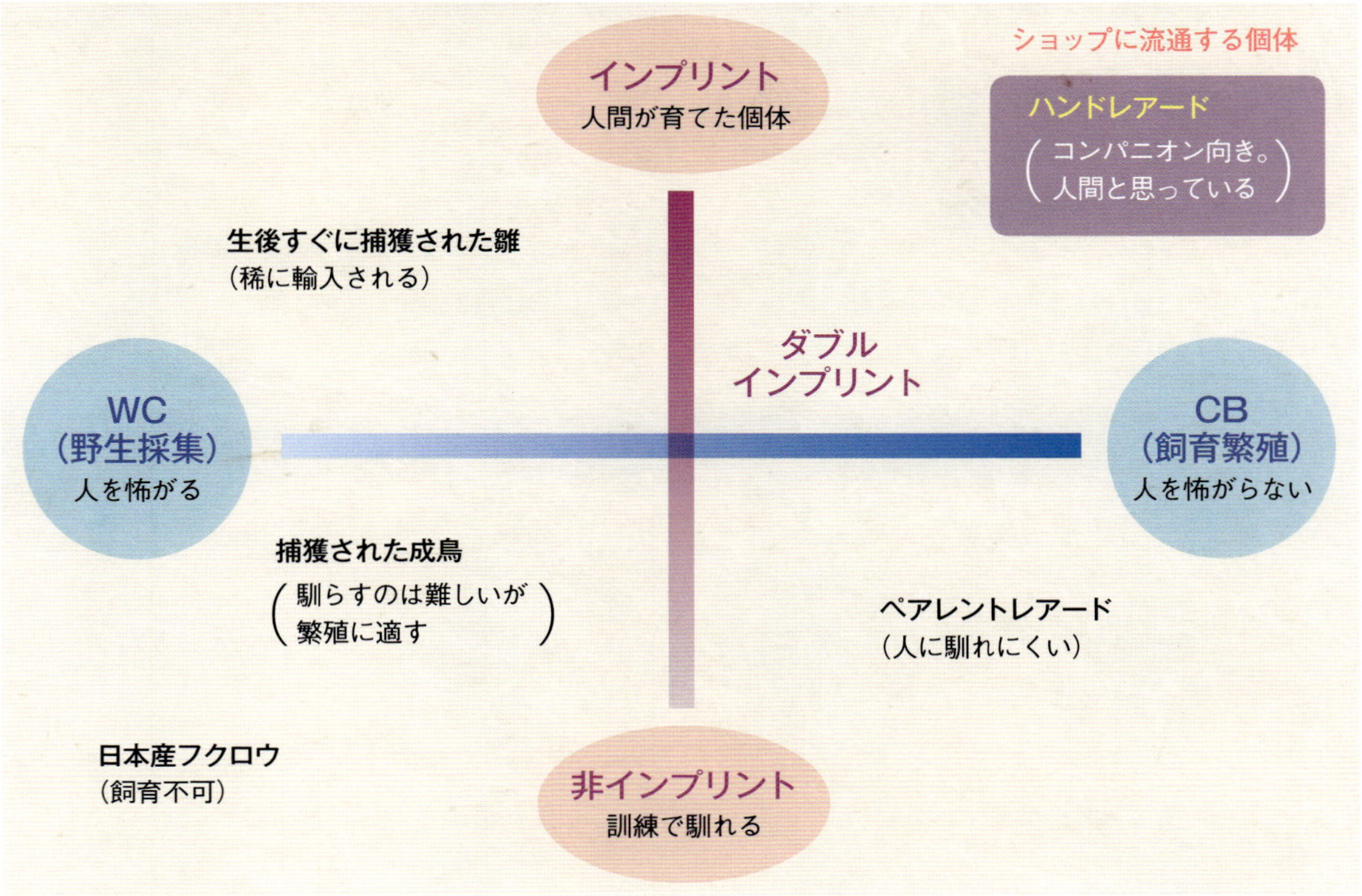

など、刷り込みの対象は広範囲です。

そんな中、フクロウ飼育でもっとも重要なのが、このインプリント期間に人を刷り込みの対象としたか否か。禽舎で繁殖し、親鳥が雛を成鳥になるまで育てた個体（ペアレントレアード）は、人にインプリントされていないので、人に馴れにくい傾向があります。

一方、孵卵器で孵り、人の手で育てられた個体（ハンドレアード）は、生後すぐに1羽を隔離して育てれば、「自分は人、性対象も人」となり、人を怖れなくなりますが繁殖は困難となります。

一方、生後すぐに人工育雛《いくすう》に切り替えたとしても、複数羽と一緒であれば「自分は人、性対象は同種」となり人をあまり怖がらないものの、繁殖も可能になります。このように、人とフクロウの両方にインプリントされることを「ダブルインプリント（二重刷り込み）」と呼びます。ペットショップに流通するのは、このような個体がほとんどです。

インプリントにも個体差がある

人の性格はそれぞれであるように、同じ種類のフクロウでも神経質な個体もいれば、おっとりしたもの、気が荒いものがいます。つまり、個体差（個性）があります。このような個体差は、個体本来の性格だけでなく、成長過程（ハンドレアードとペアレントレアードの違い）なども関係してきます。

また、インプリント個体であっても、インプリントの度合いは異なります。自分（フクロウ）を何だと思っているのか、性対象として何（人か同種か）を選ぶか、人をどのくらい怖れるのか……。図鑑などでは種類ごとに一般的な特徴や性質を記載していますが、種類だけでなく、個体でも性質は違ってきます。購入する際は、個体差やインプリントの度合いも考慮しなければなりません。

インプリント以外にも注意点があります。それは躾《しつけ》について。価格は高くなるものの、人の手に乗るなど躾をしてから販売するショップもあれば、躾はあまりしていないけれど、その分安く販売するというところもあります。初心者なら、きちんと躾がされた個体を選ぶほうが安心です。反対に、躾は自分でできるから安い個体が欲しいというベテランもいます。その場合は躾なしの個体でも問題ないでしょう。

入手方法

フクロウは国内で保護の対象となっているので、飼育には許可が必要です。適切な手続きを踏んだ状態のよいフクロウを入手する一番の方法は？　ここでは、フクロウの購入方法を考えてみます

信頼できるショップを探す

基本的に、ペットショップに流通するフクロウは許可を受けているので、安心して購入することができます。ただし、なかには許可を受けていないフクロウを販売する違法ショップもないとはいえません。信頼できるショップか否か、自分で判断しなければなりません。

最初にすべきことは、実際にショップに足を運び、スタッフと会話すること。繁殖や輸入の経緯といった情報を開示してくれるか、販売証明書を発行してくれるかなどを確認してください。

経験豊富なスタッフはいるか？

フクロウの寿命は小型種でも10年以上。フクロウだけではなく、餌や用品類の購入、飼育の相談なども含め、ショップとは長い付き合いになります。購入後のことも考慮に入れて、どんなことでもていねいに対応してくれるショップと出会いたいものです。

情報開示に次いで確認すべき点は、フクロウの飼育・繁殖の経験豊富なスタッフがいるかどうか。フクロウが病気や怪我をした時、適切な

フクロウが購入できる場所は？

小売をする禽舎またはブリーダー

フクロウを扱うペットショップ

全国で開催されるイベントなどの直売会

販売も行なうフクロウカフェ

専門ショップには経験豊富なスタッフが常駐している

対処またはアドバイスできるスタッフがいれば心強いもの。できることなら複数のペットショップを回って、最も親身になってくれるショップを見つけてください。

ブリーダーから直接購入

信頼できる専門ショップが見つかれば、個体購入からアフターケアまで頼ることができます。しかし、近所にそのようなショップがない場合、禽舎もしくはブリーダーから直接購入する方法もあります。禽舎であれば、種類やストック数は豊富。状態のよい個体の入手が期待できますし、知識や技術に関しては安心です。

しかし、どこの禽舎も小売（ペットショップを併設）をしているわけではありません。むしろ、小売をしない禽舎やブリーダーの方が多いかもしれません。一般客を受け入れてくるかなど、事前に調べてください。

直売会も狙い目！

最近では、直売会やイベントが各地で開催されています。多くのショップや業者が出店しており、イベントに合わせて珍しい種類や新しい個体を用意したり、いろいろな目玉商品などを数多く展示・販売しています。一度に多くのショップや個体を見て選ぶことができるのが直売会の魅力です

こうしたイベントは、フクロウや飼育用品の入手だけでなく、情報収集やフクロウ愛好家間の交流の場としての役割も果たしています。ぜひ一度、イベントや直売会を訪れてください。

フクロウカフェでも買える!?

多くのフクロウと触れあえることで人気のフクロウカフェ。購入前にカフェに行き、いろいろなフクロウを見たり接することで、気に入った種類を絞り込んでいくのもよい方法です。実際、カフェで情報収集してからフクロウを購入したという愛好家は多くいます。そのような傾向を反映してか、最近ではフクロウの販売を手がけるフクロウカフェが増えてきました。ただし、カフェにいる個体がすべて販売されているわけではありません。販売は別の場所でペットショップを運営していることがほとんどです。

運命的な出会いも！

フクロウの繁殖は冬の終わりから春にかけて。生後1ヵ月までブリーダーに育てられ、その後ペットショップに流通します。ショップで見かける個体は、まだ綿毛が残る若鳥の段階です。

羽毛に包まれたあどけない若鳥を見て、個体の良し悪しを見極めるのは多くの経験を必要とします。また、インプリントの度合いもすぐには判断できません。このように、数ある個体の中からベストな個体を選ぶのは大変なこと。実際、何がベストなのか、自分に合っているのかはわからないもの。いっそのこと、「この子！」と感じた個体を買うのがよいのかもしれません。

このように、直感で決めるのも悪いことではありませんが、最低限、健康状態などはきちんと見極めたいものです。ここでは、購入する時のチェックポイントをまとめてみました(表1)。

確認すべき部位は目や嘴、羽根が中心。外見以外では体重があるかを確認します。見るからに痩せていた

表1　購入時のチェックポイント

- □ 目が窪んでいない
- □ 目が曇っていたり白濁していない
- □ くちばしの噛み合わせがきちんとしている
- □ 翼の可動に問題はないか
- □ 左右の足がしっかり動いているか
- □ 股間が開いていないか
- □ 爪がよじれていたり、変形していないか
- □ 羽根がボロボロになっていないか
- □ 体重があるか(重いか)
- □ お尻が汚れていないか

り、見た目以上に軽い個体は栄養不足のおそれがあるので要注意です。また、お尻付近に排泄物が付着していないかもチェックしましょう。

雛か成鳥か？

ペットショップには生後1ヵ月の雛から店頭に並んでいます。そのような雛から生後数ヵ月が経過した若鳥が販売の中心です。しかし、あえて1歳以上の成鳥を購入する愛好家もいます。犬猫と違ってある程度大人(成鳥)になってからも売れるのがフクロウの特徴でもあります。以降では、雛と成鳥に分けて、それぞれの購入の注意点をまとめました。

雛はハンドレアード

雛は人に馴れている個体を選ぶこと。そして、餌を丸呑みできるかが重要なポイントとなります。成長過程にある雛は1日3回を目安に小まめに多くを与える必要があります。ヒヨコやピンクマウスを丸呑みできるサイズまで育った個体なら管理しやすく、初心者にもおすすめです。

複数の雛がいる場合、1羽ずつ持ち上げて体重をチェックしてください。その際、一番重い個体を選ぶのがポイント。軽い個体は栄養不足の可能性があります。雛はまだ骨格がしっかりとでき上がっていません。物にぶつかると骨折しやすいので取り扱いには十分に注意してください。

成鳥はきれいな個体を

突然死などのトラブルを招く危険が少ないことが成鳥を購入する一番の理由です。では、成鳥購入のチェックポイントを見ていきましょう。

一番は痩せてない個体を選ぶこと。羽毛に覆われているので一見だけでは確認しにくいですが、胸部や腹部がへこんでいないか、脚がしっかりしているかを確認します。

次にきれいな個体を選ぶこと。基本的に鳥はきれい好きです。口の周りが汚れていたり、体にフンがついている個体は体調を崩している可能性があります。お尻に尿が付いたまま固まると、排泄物がうまく出なくなります。そのような個体は、お尻まわりが汚れています。肛門付近の汚れ具合を確認することはとても大切です。

最後に、目をショボショボさせている個体も要注意。羽根がボロボロになっていないなど、きれいな外見をした個体を選んでください。

Vol.1

ビッグ藤田の フクロウ・コラム

かかりつけショップを持とう！

日常的な診察や健康管理を行なう近所のお医者さんを「かかりつけ医」と呼びます。診察以外にも健康相談や専門医の紹介など、私たちの健康に関するいろんな手助けをしてくれます。フクロウにも、このような「かかりつけ医」がいてくれると安心できますよね。

そんな「フクロウのかかりつけ医」の役割を果たすのがペットショップです。餌の購入だけでなく、爪切りなどのメンテナンスを受けています。飼育相談にも乗ってくれることでしょう。そして万一の時は、診察や治療はできませんが、信頼できる獣医師を紹介してくれるはずです。しっかりとしたショップであれば……。

気の利くスタッフがいること

よくお客さんからこんな質問を受けます。

「良いショップと悪いショップはどう見分けるんですか？」

そんな時は「最低5年は専門店で修行していること。目先の利益に走らない店であること」と答えています。「流行っているから始めた」というショップは知識も技術もない可能性があります。なかには「今のうちに売ってしまえ」という無責任なショップもあるかもしれません。

よいお店には必ず気の利くスタッフがいます。餌やりやフンの片づけ、ケージの掃除……。ペットショップの仕事は休む間もなく、次から次へとやることがあります。接客をしながらやるべき作業をきちんとこなす。そんなスタッフがいたら、そこが良いショップです。

フクロウと過ごすための心構え

誰でもどのような種類でも飼えるというわけではありません。飼いたいフクロウの性質と、自分が用意できる環境を照らし合わせ、実際に飼える種類を絞り込んでいきます

フクロウが求める環境

専門ショップに流通するフクロウは数十種類。北極圏に生息する種類もいれば、温帯から熱帯域に分布する種類までいます。生息域や特性を踏まえた飼育環境を用意できれば、どの種類でも飼うことができます。フクロウは小型、中型、大型の3つに大別されますが、サイズによって飼育スタイルは異なります。

飼育するフクロウを決めるには、自分がフクロウに対して提供できる環境、時間・予算（メンテナンス、餌代など）を算出します。それを踏まえ、自分の飼育条件に合う種類を絞り込み、その中から種類を決めていきます。また、家族の協力は重要です。室内飼育では、部屋に羽根が落ちたり、床の所々に糞を落とします。部屋が汚れることは覚悟しなければなりません。また、餌は冷蔵庫で保管します。人間の食べ物と一緒にフクロウの餌を収納することに家族の同意が得られるかも重要なポイントとなります。

飼育環境の整備

近隣住民に対する配慮も欠かせません。あなたが郊外在住でお隣の家まで数キロも離れているなら周囲を気にせずフクロウ飼育ができます。庭に禽舎を建ててフクロウを飼ったとしても、近隣からクレームがつくことはないでしょう。

しかし、都市部に在住している人は、鳴き声や臭いなどに注意する必要があります。特に、マンションやアパート住まいでは、餌や排泄量が多い大型種の飼育は非常に気を使います。また、都心や住宅地で屋外飼育をする時は、カラスなどの外敵対策や日当たり、夏の猛暑対策など、クリアすべき課題が多くあります。

このように、飼いたい種類と準備できる飼育環境、周辺事情を検討して飼育プランを立てることが大切です。フクロウを入手したら長い付き合いになります。事前にショップに相談したり、愛好家の方々にアドバイスを求めるとよいでしょう。

飼いやすい種類は？

では、実際にどのような種類が人気なのでしょうか？ ペットショップのスタッフに売れ筋のフクロウを

表2

人気ランキング

1. アフリカオオコノハズク
2. モリフクロウ
3. コキンメフクロウ
4. インドオオコノハズク
5. メンフクロウ
6. ベンガルワシミミズク
7. アフリカワシミミズク

※ペットショップのスタッフに聞き取り調査した結果です。実際の流通量や販売データによる順位ではありません

小〜中型種であるモリフクロウは女性に人気！

表3　餌代の目安

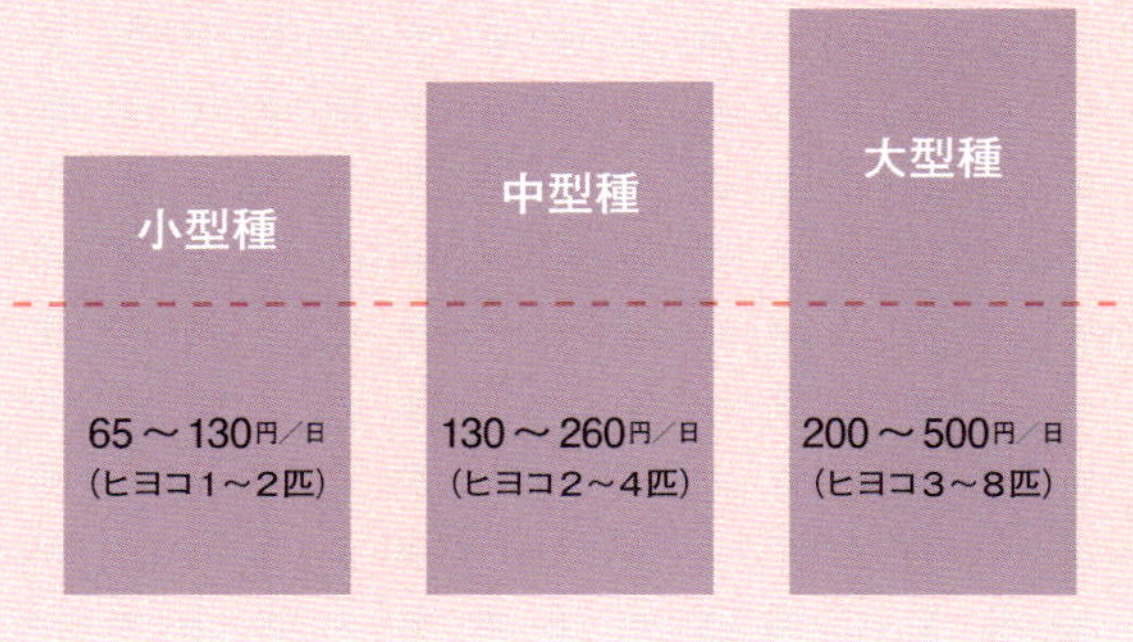

小型種	中型種	大型種
65〜130円／日 （ヒヨコ1〜2匹）	130〜260円／日 （ヒヨコ2〜4匹）	200〜500円／日 （ヒヨコ3〜8匹）

フクロウの主食となる冷凍ヒヨコ

聞いてみました。その集計結果は表2の通りです。アフリカオオコノハズク（体重200グラム前後）を筆頭に小型種が上位を独占しています。最近は、フクロウを飼う一人暮らしの女性が増えてきていることもあり、手に乗せやすい小型種の人気が高まっています。

　小型種はかわいらしい種類が多いのですが、購入当初はやや弱い面があります。一方、中型種は体力があるので、入手してすぐに体調を崩すことはないでしょう。ランキングをみると、5位以降は中型種が占めています。上位5種も小型種の中でも人に馴れやすく丈夫な種類ばかり。ランキングを見る限り、外見だけで選んだり衝動買いしたのではなく、それぞれが飼育条件などを考慮に入れた上で個体選びをしていることがうかがえます。

飼育費用について

　フクロウ飼育の予算ですが、最もかかるのが餌代です。種類や成長段階によって餌量は異なりますが、1日の餌代をまとめました（表3）。10日に1回ほどの割合で絶食日を作ったり、ヒヨコ以外の餌を与えることを考慮に入れると、小型種は1ヵ月約3000円、中型種なら約6000円、大型種だと1万円前後がかかる計算になります。私たち人間は食費の節約もできますが、フクロウの餌代はケチってはいけません。最期まで面倒を見られるか、しっかり考えてからフクロウを飼わなければなりません。

留守にする時の対処

　出張や旅行で自宅を空ける時、1泊であれば、その時を絶食日に当てるとよいでしょう。しかし、数日にわたって留守にする時は、誰かにフクロウの面倒を見てもらいます。

　では、ペットホテルはフクロウを預かってくれるでしょうか？　オウムやインコを預かるペットホテルはありますが、猛禽類となると皆無に等しいのが現状です。信頼できる愛好家仲間がいるなら、餌やりなどの世話をみてもらってください。

　周囲にフクロウの世話を頼める人がいない場合は、ペットショップに相談してみましょう。購入したペットショップであれば、ほとんどのところで預かってくれるでしょう。また、販売も手がけるフクロウカフェも預かってくれるところが多くあります。

　このようなアフターフォローもペットショップの重要な役目。繰り返しになりますが、そのためにも、近くに「かかりつけショップ」を持つことが重要になってきます。

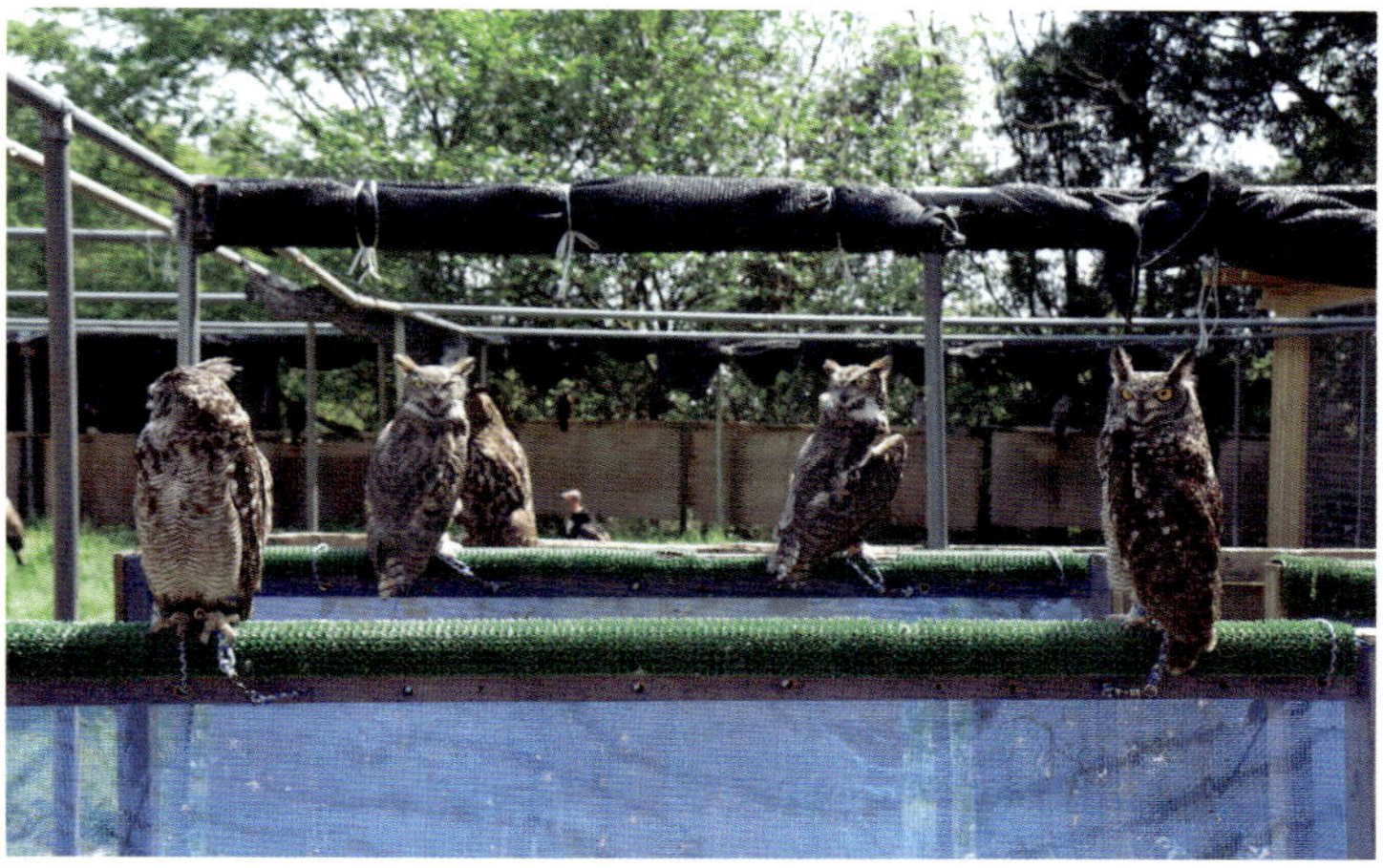
出張や旅行などで数日間留守にする時、購入したペットショップに依頼すれば、フクロウを預かってくれたり、預かり先を手配してくれる

第5章

フクロウの飼育方法

フクロウ飼育に高価な用品類や高度な技術は必要ありません。何よりも毎日、愛情をもって接することが一番です。でも、最低限の知識と技術は身につけておきたいもの。本章では、最初に必要な用具類と飼育の基本を解説します

最初に揃える用具類

フクロウ飼育に使用する用具類には「フクロウ専用」というものはほとんどなく、大半は鷹や犬猫、熱帯魚、爬虫類のものを流用しています。ホームセンターで資材を調達して自作・改良して使うこともあります

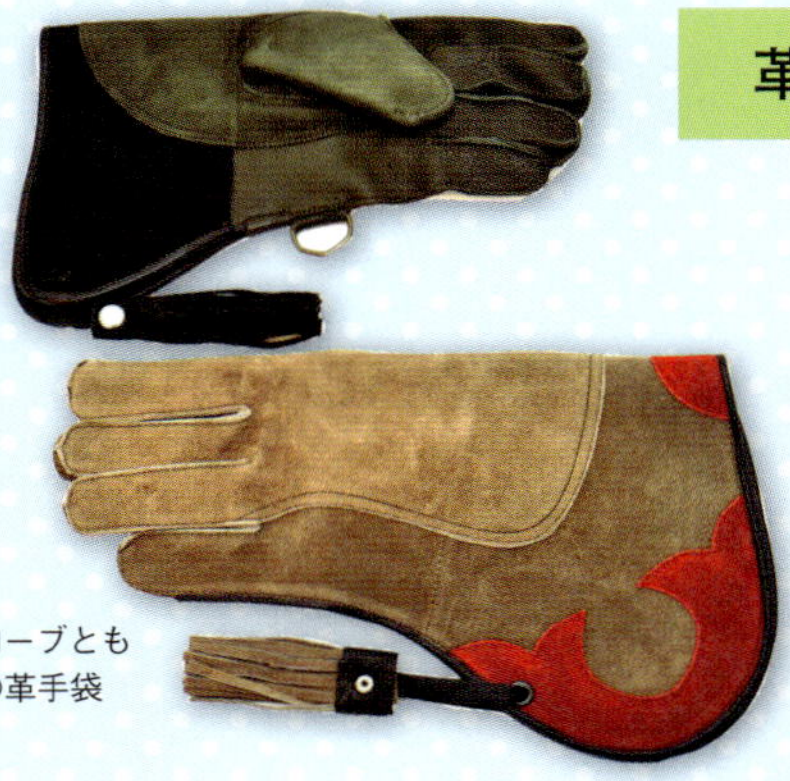

ファルコングローブとも呼ばれる鷹用の革手袋

革手袋(グローブ)

フクロウを乗せるための革製手袋。利き腕とは逆の手にフクロウを乗せます。100 ～ 200g前後の小型種なら薄手の革手袋で構いませんが、それ以上の重量なら鷹用、2kgを超える大型種では鷲などに用いる厚手で肘まであるような専用グローブを使用します。専門ショップで購入できます。

キャリーケージ

最も多く利用されているのがプラスチック製の犬猫用キャリーケージ。軽量で持ち運びができ、水洗いできるのでとても便利です。また、使用しない時は分解して収納できます。ただし、犬猫用を利用する場合は、内側にフクロウの爪が引っかかるような突起物や隙間がないかを確認してください。また、羽根を傷つけないため、ガムテープなどでスリッド穴は塞ぎます。

室内用ケージ

室内用の木製ケージ。正面には鉄柵をはめこんだ扉があり、下方は引き出し式になっています。引き出しからは床に敷いたペットシーツや水入れの出し入れが可能です。ケージ内には止まり木を設置します。小～中型種の飼育に最適。

ピンセット

餌を小分けにカットして与える時に使用します。熱帯魚用のピンセットは先端が細く柄が長いのでおすすめです。ただし、フクロウがピンセットを喉奥までくわえこむ可能性があるので、先端が丸いものを選んでください。

体重計

フクロウ飼育に必須なのが体重計。1g単位の精度で計測できるキッチン用スケールやデジタル秤を利用します。雛はスケールをそのまま使いますが、若鳥以降は改良して使います。やり方は、秤に木材やコルクを貼ったT字型の止まり木などを設置し、その上にカーペットや人工芝を固定して、フクロウが乗りやすくします。

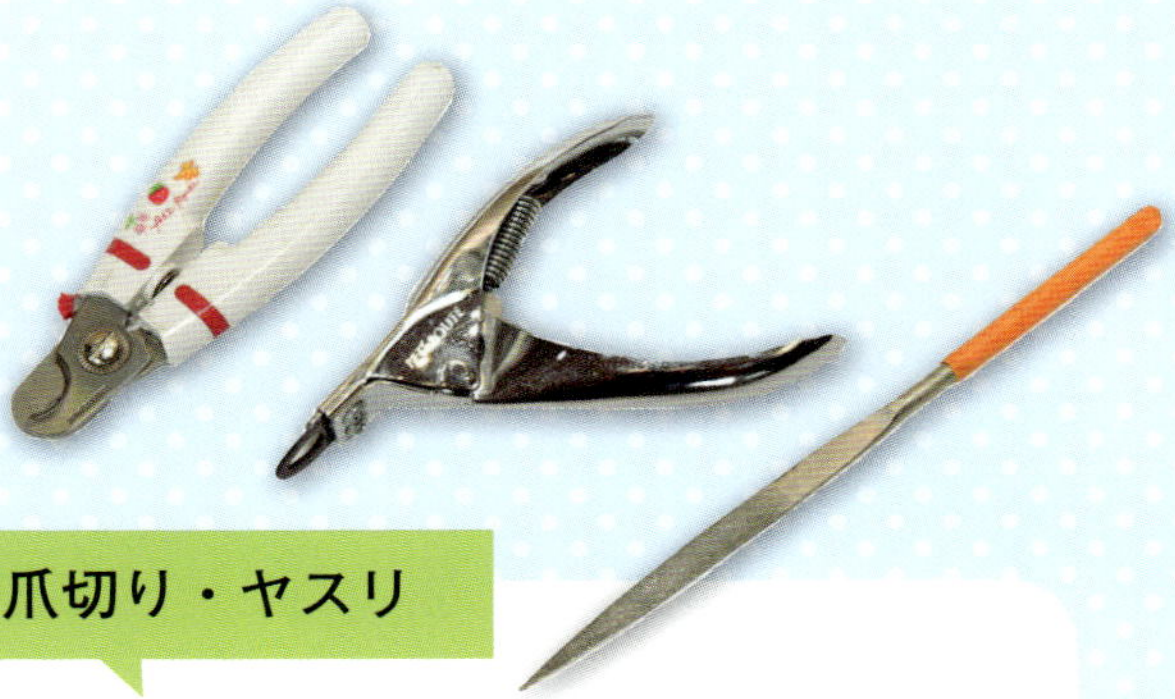

爪切り・ヤスリ

ペットショップで市販される犬猫用の爪切り。爪切りは爪先や嘴を手軽にカットできるニッパー式と長く伸びた爪を切れるギロチン式の２タイプがあります。カットした後は切断面をなめらかにするためにヤスリをかけます。ヤスリも犬猫用が安価で便利です。

リング（脚環）

CB個体は孵化後２～３週間の時期までに、ふ蹠にリングをはめられます。これには個体識別・管理のナンバーが刻印されていて、繁殖個体であること、飼育されているフクロウであることの証明となります。なお、リングに刻印されるナンバーは記載方法に決まりはありません。そのため、ショップまたは禽舎によってナンバリング方法は異なります。

リングはふ蹠付近に異常が見られない限り装着したままにします。万一のロスト（行方不明）時は、飼い主の手がかりとなるものですから、リングナンバーは控えて保管しておきましょう。ちなみに、猛禽屋では電話番号を記載しています。お客さんがロストしても、捕獲者から連絡が入ることがよくあるそうです。

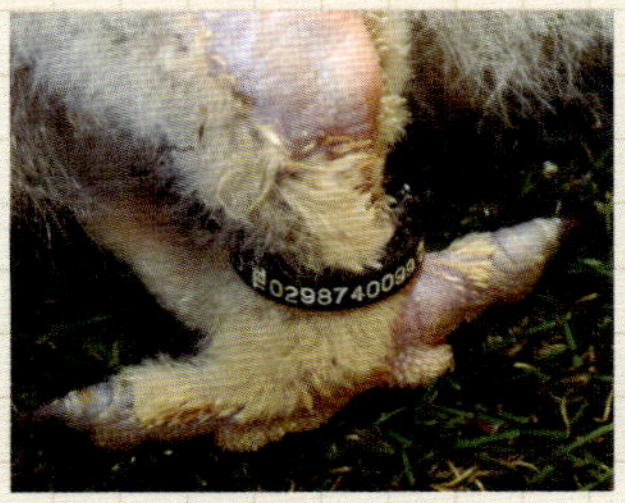

水入れ・餌入れ

ステンレス製のトレイと容器。フクロウ飼育には水入れは不可欠です。小鳥の小判形陶器や犬猫用の餌入れや園芸用の鉢皿など、浅くて安定した円形容器が最適。

フクロウの係留用品 ～パーチの種類～

フクロウの係留に用いるのがパーチ。さまざまな形状をした種類があり、それぞれに長所・短所があります。複数を準備し、飼育環境に応じて使い分けましょう

ブロックパーチ

ハヤブサ係留に使用するため、ファルコンブロックとも呼ばれます。屋内・屋外のどちらでも利用可能。フクロウが止まる円形の最上部は、よく人工芝が貼られています。

ブロックパーチは商品数が多く、サイズ・形状を選べるのがメリットです。また、場所を取らないので近くに水入れを置いたり、置き餌をすることも可能です。デメリットは小さなパーチだと止まりにくく、羽根がパーチの台座などにぶつかること。また、屋外ではフクロウが地面に降りると羽根や脚が汚れます。

屋外用の地面に刺すタイプ

ボウパーチ

おもに鷲や鷹の係留に使用される弓（ボウ）状のパーチ。フクロウには小型のものが適しています。アーチ状のパイプにはロープや皮を巻いて、フクロウが止まりやすいようにします。人工芝を巻くのもよいですが、リングの動きが悪くなり、紐が絡みやすくなります。ロープなどは汚れたりほつれてきたら新品と交換してください。

スクエアパーチはフクロウが落下しやすいのがネック。パーチから落下した時に体がリードに絡まりやすいので、係留リードは長さを調整すること

スクエアパーチ

折りたたみ式のスタンドなどを用いて自作するのが一般的で、「ホコ」とも呼ばれます。場所を取らず、フクロウの可動範囲を制限できるので管理しやすいのが長所。なお、パーチ1台につき1羽が基本です。

止まり木（上部のバー）から落下するとぶら下がった状態になるので、パーチにはホコ垂れと呼ばれる返しをつけます。以前はゴザを用いていましたが、現在ではカーペットや薄い人工芝などを止まり木に掛けて、フクロウがぶら下がっても1周しないようにしています。

若い個体などはぶら下がったまま死んでしまうこともあるので、自力で上がれるかを確認してから使用してください。

コンクリート製は重量があり大型種の係留に最適

丸太タイプは比較的軽量で使いやすい

I型パーチ

杭のような形状が特徴。重量のあるコンクリート製や丸太を切ったものなど材質はさまざまです。場所を取らず管理しやすいのがメリット。このタイプは係留のために、側面に紐を結ぶ金具を設置する必要があります。

係留用品と取り付け方

係留は体への負担が均一になるように、両脚にアンクレットとジェスを装着します。そして、リードの長さが重要なポイントとなります。短いとフクロウの動きが制限され、長いとリードが脚に絡まります。フクロウがストレスを感じないように、適した用具を正しく使って係留しましょう。

アンクレット、ジェス、リードを繋げてフクロウを係留

係留用品の名称と構造

係留リード

フクロウを繋ぐための紐。ナイロン製ロープの先端にスイベル（接続金具）を繋げます。ジェスと連結させてフクロウを係留します。

ジェス

係留リードと連結させて、手に乗せたフクロウの制御を行なう紐のこと。材質は革製とナイロン製があります。長期間使用していると、革製は切れやすく、ナイロン製は固くなります。どちらも、定期的に新品との交換が必要です。

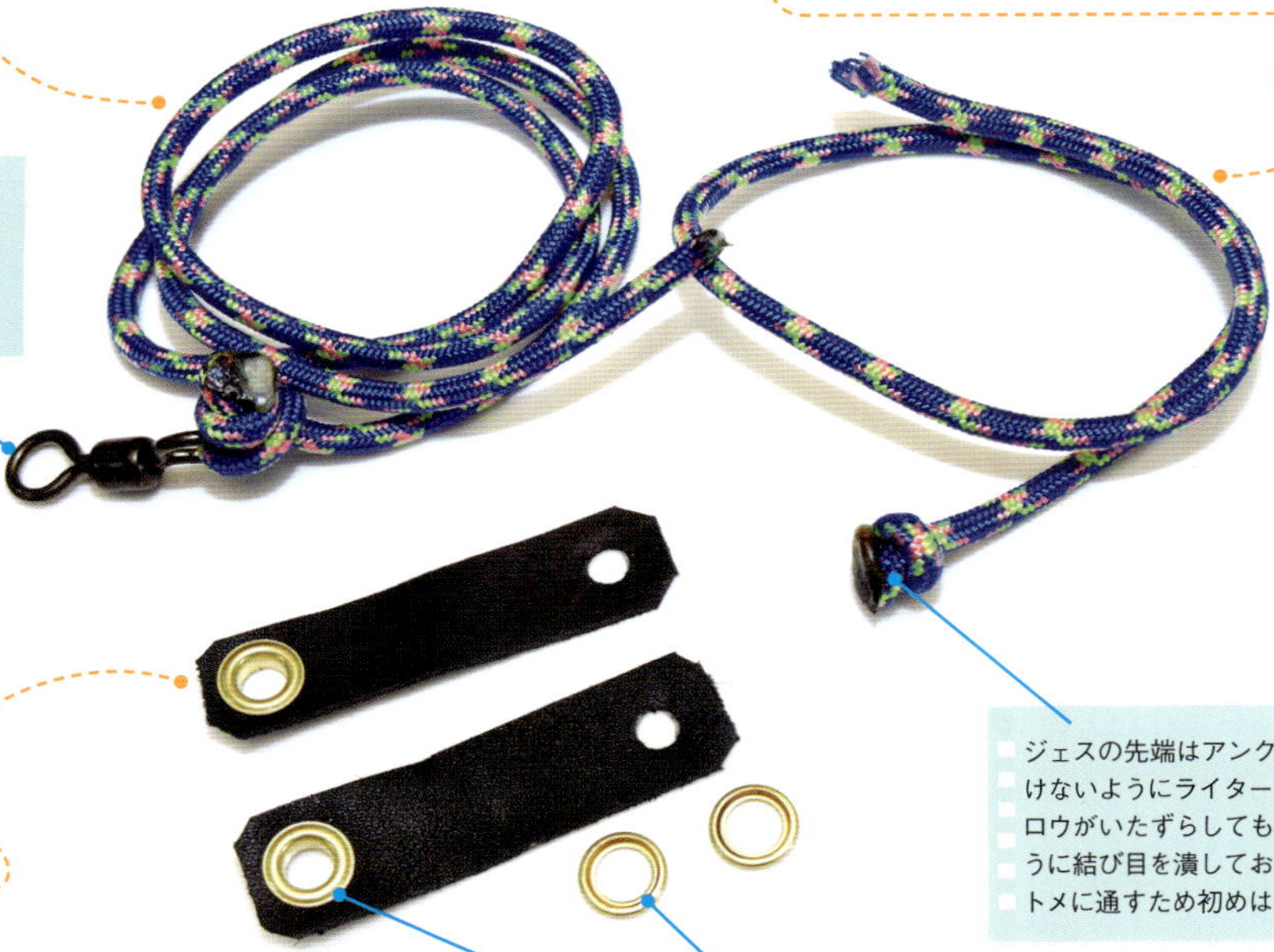

釣り具として知られるスイベル。サルカンとも呼ばれる

ジェスの先端はアンクレットから抜けないようにライターで炙る。フクロウがいたずらしてもほどけないように結び目を潰しておく（片側はハトメに通すため初めは結ばない）

ハトメ（紐などを通す穴に取り付ける環状の金具）。オス（大きい金具）はアンクレットにはめておき、フクロウのふ蹠に巻くときにメス（小さい金具）を専用工具で取り付ける

アンクレット

フクロウを係留するための脚輪。ハトメを使ってふ蹠部分に装着します。長期間使用していると革が固くなり、フクロウの脚を傷つけることがあります。革が固くなったり切れそうになるなど、劣化したら新品と交換してください。カンガルーと牛の革がよく利用されています。

アンクレットの装着方法

1 フクロウを保定（保定方法はP73参照）し、ふ蹠にアンクレットを巻く

2 ハトメを取り付ける。外れにくくするため、ハトメはふ蹠の内側がメス、外側がオスになるようにする

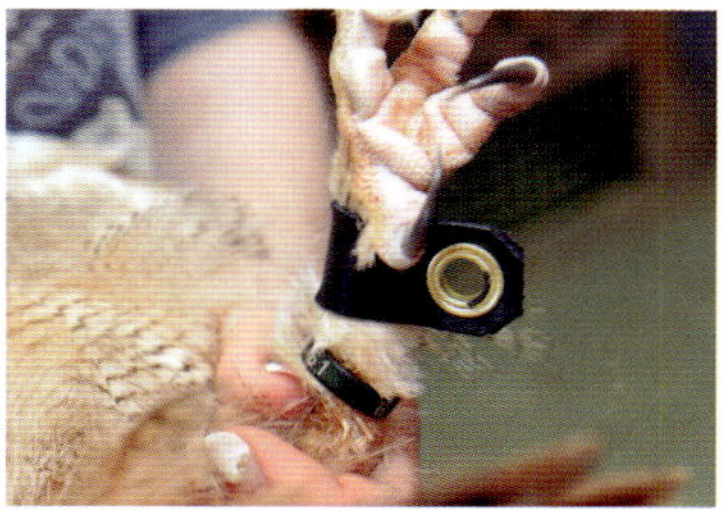

3 脚環の上側（体に近い方）につけると、左右のバランスが悪くなる。脚環より下（趾側）に取り付けること

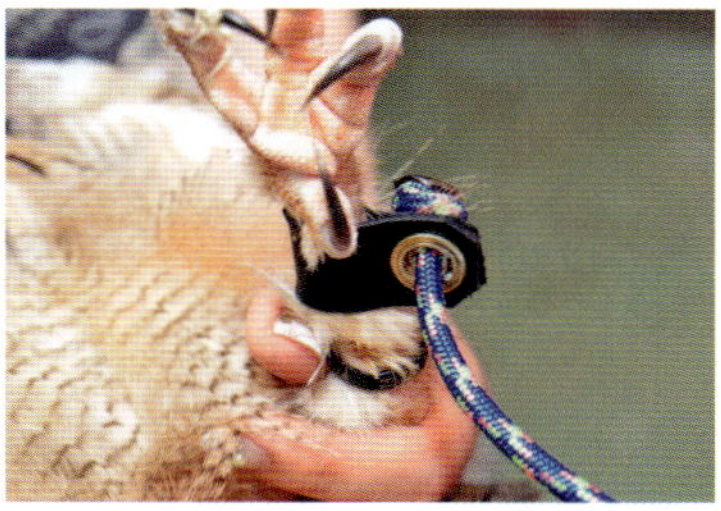

4 ジェスは結び目が外側になるようハトメに通す

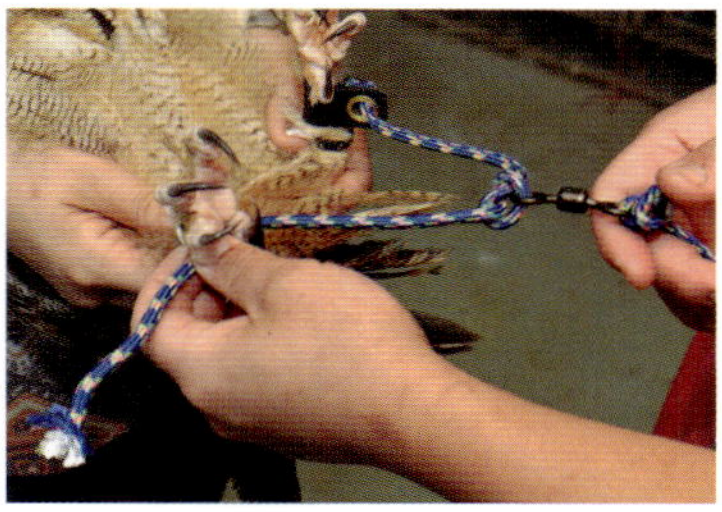

5 反対の脚に巻いたアンクレットにもジェスを通し、係留リードを繋げる

6 ジェスに係留リードを通し、ジェスが左右均等になる位置で固結びして係留リードを固定する

7 係留リードを繋いだらジェスの反対側を固定する。まずは余分なロープはカット

8 ジェスをカットしたら先端を結ぶ。結び目はライターで炙ってほどけないように潰しておく

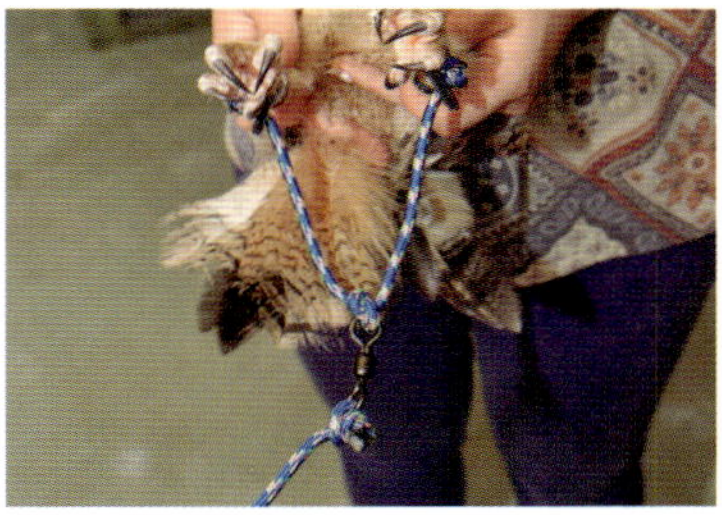

9 これでアンクレットの装着、ジェスと係留リードの接続が完了

1人で装着するには

キャスティングジャケットを利用すれば1人でメンテナンスできる

猛禽類は掴む力は強いが、趾を開く力はそれほど強くない。ビニールテープで趾を軽く固定すると、暴れて脚を怪我させずに済む

鷹の保定に使うのがキャスティングジャケット（ファルコンジャケットと呼ばれることもあります）。アンクレットの交換や爪切りなど、フクロウの保定にも利用できて便利です。ただし、フクロウにはストレスがかかるので、ジャケット着用は短時間で済ませましょう。また、きつく巻かないように注意してください。

革製ジェスの作り方

前ページではフクロウを係留するためのアンクレット、ジェス、係留リードと、ナイロン製ジェスを使った係留方法を紹介しました。ここでは、フクロウへの負担がさらに少ない革製ジェスの作り方を紹介します

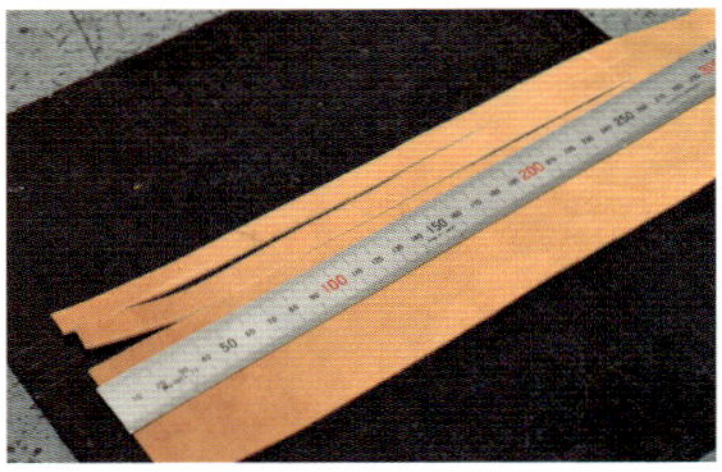

1 フクロウの大きさと、左手に乗せて右手でジェスを握った時の長さを想定してサイズ（長さと幅）を決める

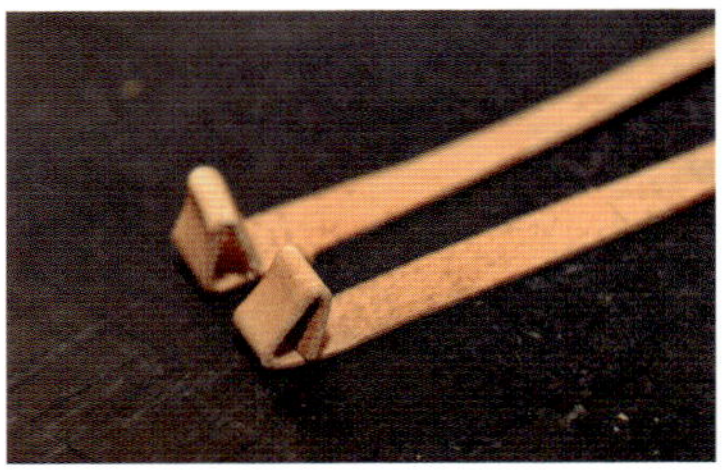

2 ハトメを通す時のコブを作る。切り出したジェスを2回折り曲げる。ここで作るジェスのサイズは、長さ10cm×幅1cm

3 ポンチを使って穴をあける位置を決める。穴の直径はジェスの幅の半分が目安

4 ポンチの頭をハンマーで叩いて穴をあける

5 コブの反対側のジェス先端をカット。アンクレットのハトメやコブ側にあけた穴に通しやすくする

6 カットした先端部分を反対側（コブ側）にあけた穴に通す

7 尖った先端を通して締め上げてコブ（結び目）を作る。これでアンクレットに通してもジェスは抜けない

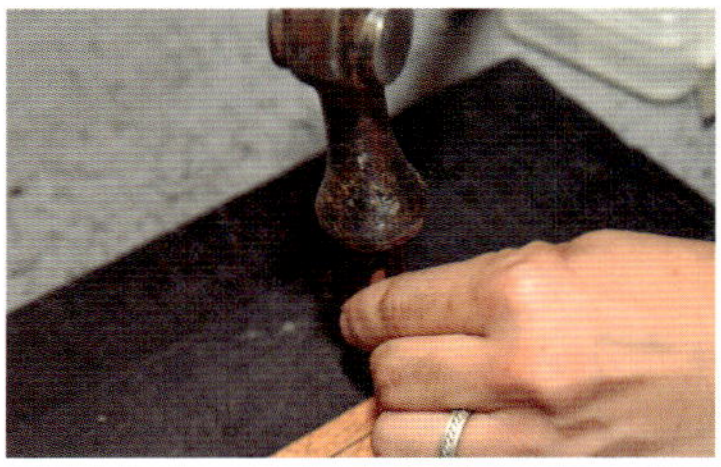

8 係留リードを通すスリットを作る。裂けて広がるのを防ぐため、尖った先端近くに穴をあける

9 スリットが広がるのを防止するのが目的なので、ポンチ穴は1～2mmで十分

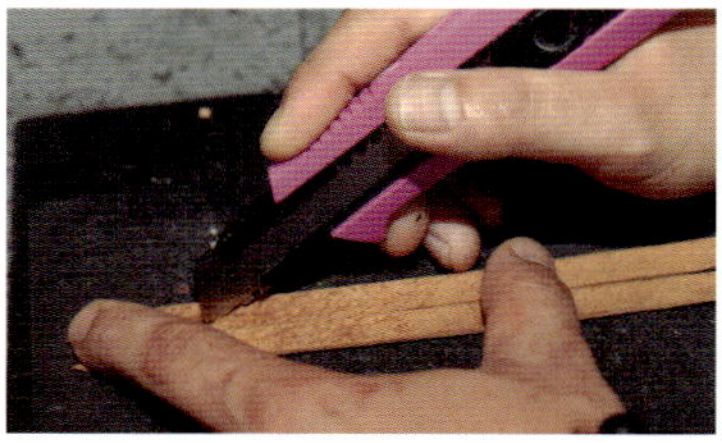

10 カッターで切り込みを入れる。スリットの長さは2～3cmが目安

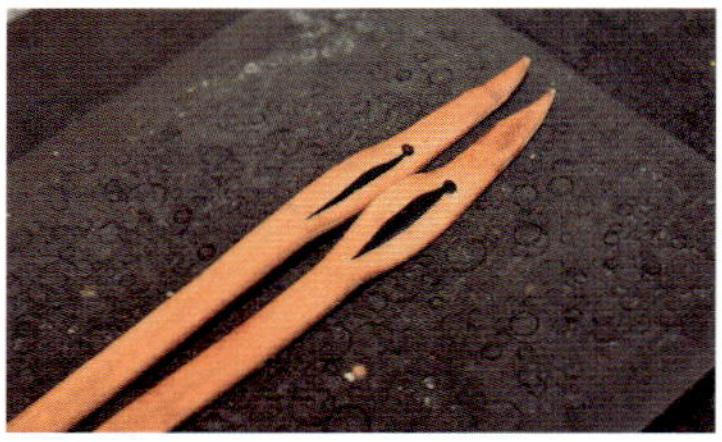

11 2本のジェスに切れ込みを入れたら完成。長さ10cm、幅1cmがあれば、ほとんどの種類に使用できる

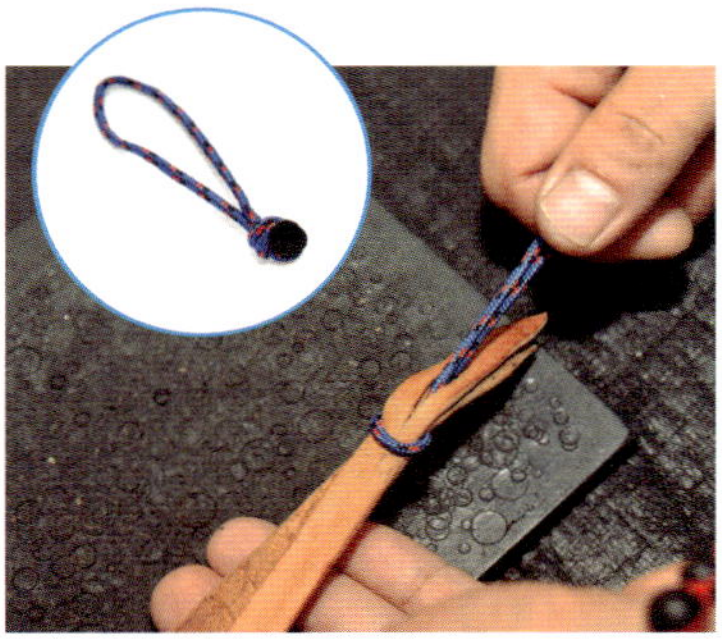

12 スリットにチチワを通す。チチワは登山用ロープを輪にしたもの（左上）

革製ジェスにチチワ、係留リードを接続。革製ジェスも革が固くなってきたら交換すること

ナスカン接続は不可！

ジェスと係留リードを繋ぐ時、片手で簡単に接続と解除ができるナスカン（写真では8の字のスイベルにつけた金具）を使いたくなりますが、外れやすいので使用しないこと

フクロウの保定

係留に馴れた個体であれば片手に乗せた状態で、アンクレットの装着・脱着が行なえますが、人に対する警戒心が強い個体は保定して装着します。

1 パーチに係留されたフクロウを背後から抑える。慌てず力を入れすぎず体を押さえるのがコツ

2 全身でフクロウ抱え込むようにする。羽根が広がった時は傷つけないようにたたむ

3 フクロウの腹部を上に向ける。同時にフクロウの脚を手で押さえる

4 徐々に両脚を押さえる。趾や踵を掴んだ時は脛を持つようにする

5 踵を親指と人差し指で挟むとフクロウが暴れなくなる。両脚を押さえたら保定完了

6 横から見たところ。手の平に脛を乗せ、指先でふ蹠を押さえるとアンクレット交換などがやりやすくなる

鷹匠結び

片手で「結ぶ・ほどく」ができる結び方で「鷹匠結び（ファルコナーズノット）」と呼ばれています。パーチやグローブに素早く結ぶのに役立つので、覚えておくととても便利です

1 パーチのリングに左側からロープを通す

2 通したロープを親指にかけ、人差し指と中指で挟んで8の字にする

3 手のひらを返す。親指のところにできた輪（矢印）に人差し指と中指で挟んだロープを通す

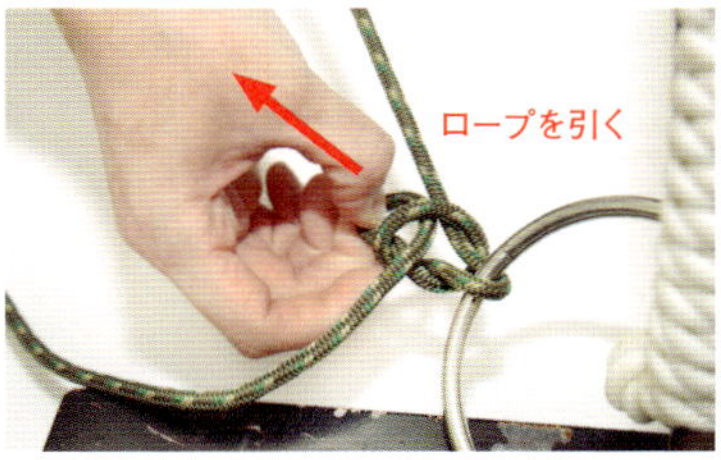

4 輪の上からロープを通したら、そのままロープ先端を引っ張る

5 ロープを引っ張ると新しい輪ができる。その輪に再びロープ先端を通す

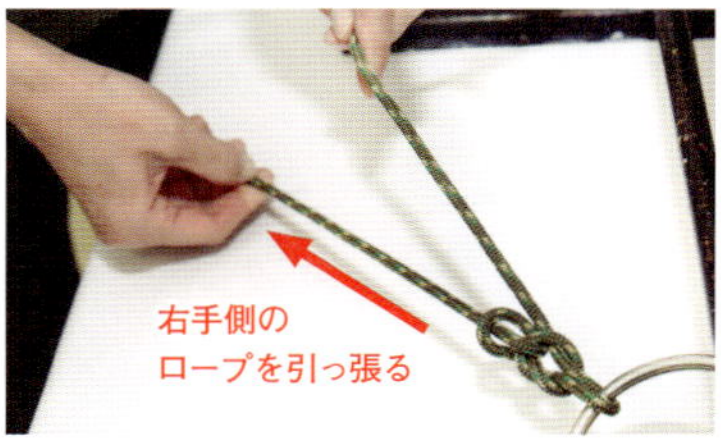

6 通したロープを引っ張ると結び目が絞られる。これで鷹匠結びは完了

7 角度を変えて鷹匠結びを見たところ。最後の輪からロープを抜いて引っ張れば、簡単にほどける

飼育環境

繁殖を目指すなら屋外飼育ですが、コンパニオンバードとしてフクロウと一緒に暮らすなら、室内飼育するのが一般的です。室内飼育の注意点を中心に、飼育環境のポイントをまとめました

室内飼育のポイントと注意点

窓
施錠していないと窓を開けて外に出る危険性がある。カギはしっかりと閉める。場合によっては2重ロックにするなどして、窓からの脱走防止を
エアコン
季節に応じて適温で稼働させる。フィルターは落ちた羽根などを吸い込むので、定期的に清掃する
水浴び容器
体が浸かれるサイズの容器を配置。周囲に水が飛び散ってもいいように、レジャーシートなどを敷いておく
敷材
スクエアパーチの下に新聞紙やペットシーツを敷き、排泄物で床が汚れないようにする
カーペット
レジャーシートと新聞紙だけでなく、さらにその下にカーペットを敷いて床全体を汚さないようにしてある。カーペットは防水性が高いものがよい

室内で半放し飼いがおすすめ

上の写真は、23ページで紹介した山田さん宅の様子です。スクエアパーチを2つ設置し、2羽のモリフクロウを飼育中です。山田さん宅では屋根裏をフクロウ部屋にあてて、放し飼いをしています。

不思議に感じるかもしれませんが、フクロウは放し飼いでケージがないと、飼育者との間に仕切るものがなく、飼育者からのストレスを感じることがあります。放し飼いは自由でよさそうですが、フクロウにとってはそうではないこともあるのです。

山田さん宅のように、ふだんは人から離れたフロア（屋根裏）で飼育するのなら、放し飼いでも人からのストレスを感じないでしょう。しかし、マンションやリビングなど人と接する機会が多い限られたスペースで飼育する場合は、昼間は部屋で放し飼いし、夜はケージに収容する「半放し飼い」がよいでしょう。部屋の大きさにもよりますが、これなら小型種から大型種まで飼育可能です。

このような飼育で、フクロウが極端な運動不足になることはありませ

ん。イヌのように積極的に運動させることもないのです。

室内環境も整える

脱走する可能性のある隙間や出入り口はネットを張るなどして、しっかり塞いでください。フクロウの体は見た目より細いので、「このくらいの小さな隙間なら」と油断すると危険です。

ケージ内だけでなく、室内にも止まり木が必要ですから、落ち着ける場所に止まり木を設置してください。注意点としては、フクロウは高い場所を好みますから、ケージより高いところに止まり木を設置すると、そこがお気に入りの場所になり、なかなかケージに戻らなくなることがあります。

トイレの躾はほぼ不可能で、部屋の至る場所でフンをします。床はフローリングがベスト。ペットシーツを敷きます。畳や絨毯の部屋ではペットシーツを敷きます。また、透明な窓ガラスはフクロウが激突するおそれがあります。レースのカーテンをするなどして、衝突を防ぐ対策が必要です。

パーチのサイズも重要です。小型種であれば軽量のパーチでも問題ありませんが、大型種になると土台と造りがしっかりしたものを選ばなければなりません。また、羽根を傷めないために、パーチの幅が非常に重要です。図1にあるように、小型種なら幅90センチ、大型種は180センチが必要になります。

繁殖に適した木造の屋外禽舎。できることなら、人の往来が少ない落ち着いた場所に設置したい

シロフクロウのペアが収容された屋外禽舎。前方にオスが立ち、後方の木の陰でメスが卵を守っていた

屋外飼育の禽舎について

WC（ワイルドコート）個体や非インプリント個体の飼育、さらには繁殖目的の人は、屋外飼育が適しています。そのようなケースでは禽舎が必要になります。

フクロウは木をかじったりしないので、禽舎は木造で十分です。DIYの経験がある方なら自作することも不可能ではありませんが、フクロウの脱走、外敵の侵入、台風など、様々なトラブルや自然災害などを想定した構造である必要があります。

本書では、コンパニオンバードとしてのフクロウ飼育をメインにしているので、屋外飼育のための禽舎についての解説は、この程度にとどめます。屋外に禽舎を建てる場合は、ペットトショップに相談して専門業者に施工を依頼してください。

紫外線は必須

フクロウは夜行性ですが、日光が不要なわけではありません。室内飼育で紫外線に当たっていない個体は骨折しやすいなど、ひ弱な傾向が見られます。積極的に屋外に出す必要はないですが、適度な日光浴は欠かせません。1日15～30分を目安に日に当てましょう。

具体的には、日陰で、レースのカー

図1 パーチのサイズ

羽根を傷つけないために、パーチ中央に1羽が基本。パーチの大きさはフクロウのサイズに応じてサイズを選ぶ。暴れてフクロウの体が地面につかないように、人間の目線くらいの高さにする

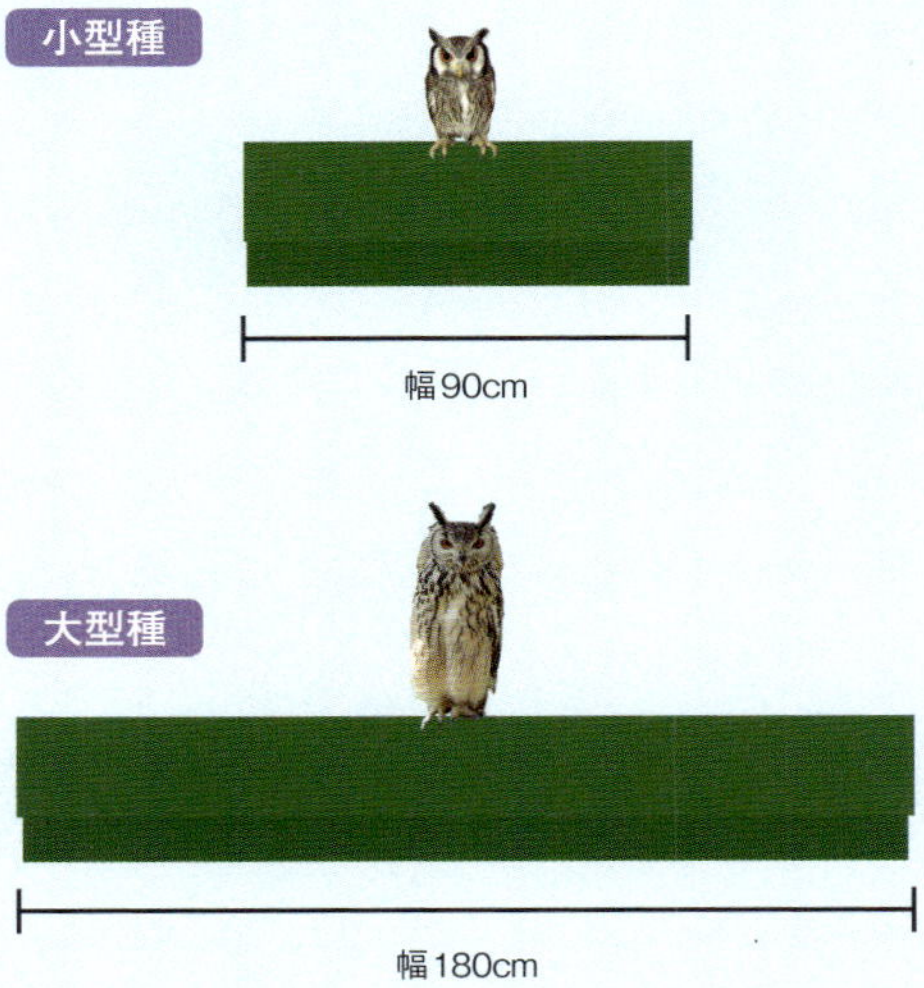

テン越しに日が差し込む程度の日照があれば十分です。直射日光を避けて間接光を当ててください。このような日光浴で、昼夜のメリハリをつけることができ、健康状態を向上させる効果も見込めます。ただし、最近の窓は高性能で紫外線をカットするものが大半ですから、日光浴の際は窓をあけてください。

　屋外飼育の場合は、直射日光に注意してください。特に、夏場の直射日光はフクロウにとって致命的です。数分当たっただけで熱射病にかかったり、場合によっては死に至るケースもがります。紫外線が強くなる初夏から秋にかけて、禽舎の屋根に遮光ネットをかけて直射日光を避けるなどの夏場対策が不可欠です。

熱中症防止のため、屋外飼育では夏場の遮光ネットが不可欠

高温多湿は苦手

　フクロウが好む温度は人と同じで、15～25℃が快適に過ごせる温度帯です。フクロウは低温よりも高温に弱いので、高温多湿となる梅雨から夏場にかけてが要注意。通気性はとても大事で、室内では空気が淀まないように定期的に窓をあけて換気します。

　夏場、窓を閉め切った状態が続くと、室温は40℃を超えることがあります。不在時は、扇風機を使用したり、エアコンを稼働させて室内の温度を管理してください。もっとも、停電や故障によってエアコンが停止すれば、一気に室温は上昇し、フクロウが熱中症にかかります。夏場には、できるだけ部屋にフクロウを残したまま留守にしないようにしたいものです。

　反対に、冬場は低温に耐性のある種類が多いので、夏ほど注意点は多くありません。寒冷地でなければ、留守にする時でも加温は必要ないでしょう。

　屋外飼育の場合、夏は遮光、屋根への散水、扇風機やサーキュレーターを用いた換気が必須です。近年、日本の夏は連日30℃を超える夏日や猛暑日が続きます。周囲に水を撒いたり、風通しをよくしてフクロウの体調管理を怠らないようにしましょう。通気性さえ確保できていれば、病鳥や雛以外、湿度はそれほど気にしなくて大丈夫です。

水浴び

　フクロウは定期的に水浴びすることで、体を清潔に保ちます。いつでも水浴びできるように近くに置き水をしてください。容器はフクロウが入れるサイズのものを用意し、ふ蹠が浸かる程度の深さに水を張りま

ビッグ藤田の
フクロウ・コラム

Vol.2

雛の数で適正温度は変わる

　雛の育成に適した温度は25℃前後です。でも、室温を25℃に保てば大丈夫かというと、そうとは言えません。雛の数によって温度は微妙に変わりますから。ブリーダーは一度に複数の雛を扱いますが、孵化した雛たちはケース内で体をくっつけて寄り添っているん

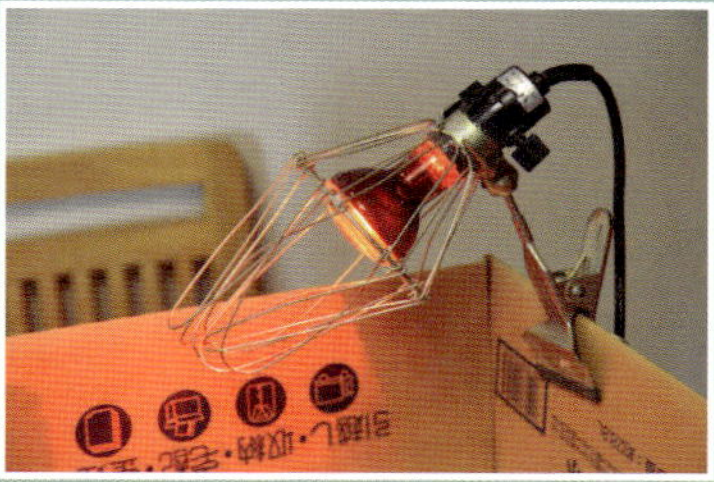
爬虫類用の保温ライト（ホットスポット）は雛の保温にも重宝する

複数いる場合、寄り添っている雛の周囲は、室温より温度が高い

体に水をかけて体温を下げる

霧吹きで水分補給

す。水浴びを始めると満足するまで水の中で羽根を動かすので、周囲には水が飛び散ります。屋内飼育ではペットシートやブルーシートで容器を覆ったり、風呂場で水浴びさせるのがよいでしょう。

夏は水を浴びることで体温を下げる効果があります。水は傷みやすいので、水浴びの度に水を交換しましょう。猛暑続きの時は、霧吹きで水を飲ませたり、フクロウに直接水をかけて熱中症を予防します。

反対に、冬に水浴びをすると体温が下がりすぎることがあります。置き水をぬるま湯にしたり、大型容器を置く回数を減らすなど、季節に応じて調整しましょう。大型容器を常設しない場合では、必ず小さな水入れを置き、いつでも水が飲めるようにします。また、低体温症を防ぐため、水浴び後はすぐに体の水分を拭き取ってください。

個体によっては、水浴びを嫌うこともあります。とはいえ、飼い始めた当初は緊張と警戒心で水浴びを避けていただけで、環境に馴染むと率先して水浴びをする個体は少なくありません。また、ふだんは水浴びをやりたがらないのに換羽期には水浴びをしたがることもあります。

砂浴び

種類によっては、体表についた寄生虫を落とすために砂浴びを行ないます。もっとも、屋内飼育では、水浴びだけで十分に体をきれいに保つことができます。そのため、屋内でわざわざ砂浴びをさせる必要はありません。

ですよ。その状態で室温が25℃なんです。

普通、一般の人は1羽飼いですよね。そこで室温を25℃に設定しても、寒がるかもしれません。複数が寄り添っている状態と1羽でいる状態では、体感温度は全然違うんです。

何が言いたいかというと、「温度計ばかり見て、フクロウの観察がおろそかになっていませんか?」ということ。大切なのは室温ではなく、雛をよく観察すること。数値にとらわれないでください。もし、雛が1羽で寒そうにしていたら、保温用のスポットライトを当てて加温してあげましょう。

Vol.3 見た目もアップ! 敷材にヒバの葉

猛禽類を扱い始めた頃は、敷材にはワラを使っていました。しかし、そうして飼っているとフクロウの呼吸が荒くなり、あっという間に死んでしまいました。この時は落ち込んだし、死因がまったくわかりませんでした。解剖してみたら、肺からカビを発見。アスペルギルスです。ワラからカビが増殖し、フクロウがそれを吸い込んだのが原因でした。

すぐにワラを取り払い、違う敷材を探しました。当時は今ほど良質なペットシーツはありません。身近にあるものの中から使えそうなものを探しました。そこで目についたのがヒバの葉です。

ヒバはヒノキ科の常緑針葉樹。少し山に入ればすぐに見られる樹木です。ヒバの葉は魚屋の店先に敷かれたり、カニや牡蠣の化粧箱に詰めるなど、食べ物に添えられる植物です。ヒバに含まれるヒノキチオールには抗菌・防虫・除湿・消臭の効果があります。「これなら使える!」とピンと来ましたね。

直売会などのイベントでも、フクロウを展示するスペースにヒバを敷き詰めるといいですね。見た目がよくなるし他のブースと差別化が図れます。ヒバだけでなく、ヨモギも殺菌効果があって使えますよ。

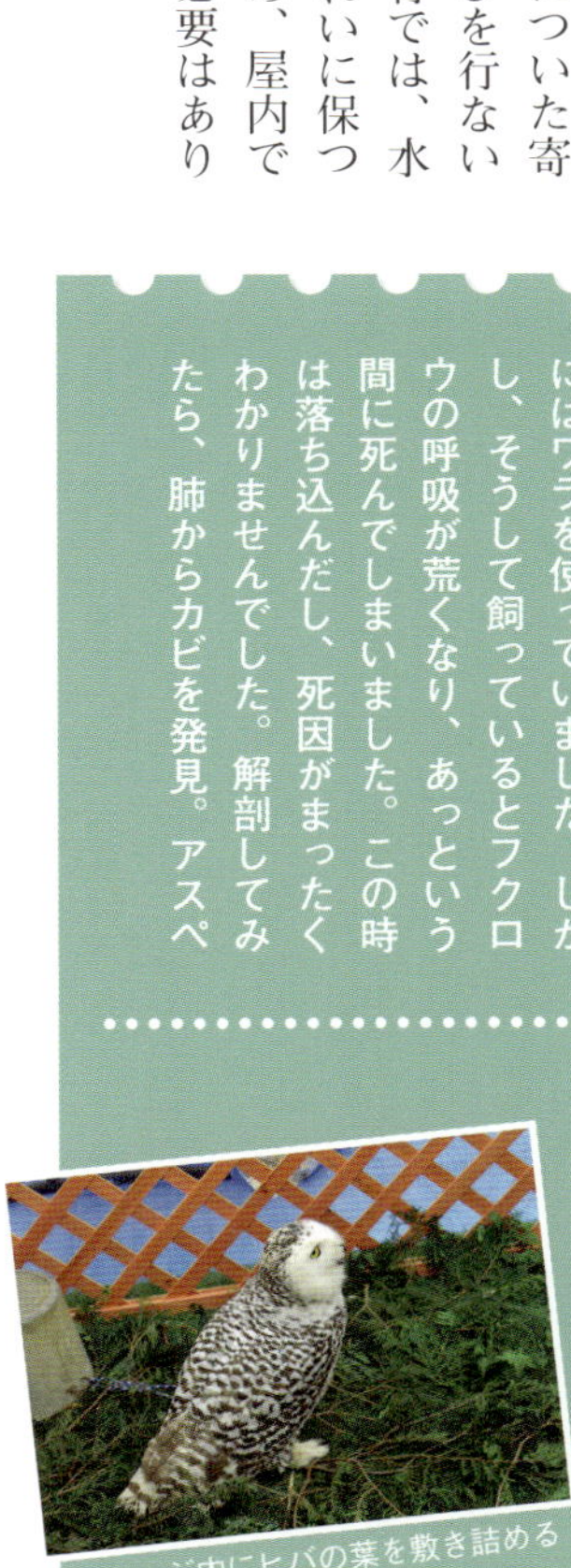

ケージ内にヒバの葉を敷き詰めると見栄えもよくなる

餌の種類と与え方

フクロウ飼育で最も重要で厳密に管理したいのが餌。給餌しだいでフクロウの健康状態は変化します。各餌の特性を把握し、体調管理をしながらバランスよく与えてください

ヒヨコをくわえるモリフクロウ

餌を丸呑み!?

フクロウは肉食性です。自然下では獲物を丸呑みにして、肉だけではなく臓器や骨、血などからも栄養を摂取しています。そのため、血抜きや骨の除去などがされた人間用の精肉を与え続けると、栄養不足になります。

実際に使用するのはヒヨコやウズラ、マウスです。生き餌が理想ですが、毎日生きた動物を与えるのは現実的ではありません。そこで冷凍餌を用います。

与え方は、餌入れに解凍した餌を置くか、フクロウを手やパーチに乗せて食べさせます。

置き餌の場合は、ヒヨコやウズラなど1回の給餌量分を与えます。一方、手やパーチに乗せて与える時は、一口サイズにカットしたものを1切れずつ食べさせてもかまいません。

丸ごととカット、どちらでもよいのですが、フクロウとコミュニケーションをとりたい時には、小さくカットした餌を少しずつ与えます。実は、専門家がフクロウの躾や訓練をする場合、カットした餌を与えて覚え込ませています。また、丸ごとの餌を与えるのは抵抗がある人は、初めからカットされた餌を購入するとよいでしょう。

餌を与える時、フクロウの正面にピンセットを向けると、ピンセットの先で口中を怪我するおそれがあります。そのような怪我を防止するため、ピンセットはフクロウの横から出し、餌と一緒にピンセットを口の奥深くに入らないようにします。なお、割り箸を使うと口の中を傷つけないので安心です。

運動量とカロリーバランス

1種類の餌でフクロウが健康を維持できれば楽ですが、それでは栄養に偏りが出てしまいます。複数を使い分けて、栄養とカロリーのバランスを取る必要があります。

では、具体的に各餌の特徴を見ていきましょう。

マウスは栄養価は高いのですが、毎日与え続けるとフクロウは肥満になります。

ヒヨコは、低カロリーでフクロウの主食に適しています。しかし、大型種やフライトをさせるなどして運動量の多い個体は、これだけでは総合的な栄養は不足します。

ウズラのカロリーは、マウスとヒヨコの中間です。小型種ではウズラ1羽は多すぎることもありますが、中~大型種にはちょうどよい餌といえます。

フクロウの食事も人間同様、運動量に見合ったカロリーの餌を与えることが重要です。フライト訓練をしている運動量のあるフクロウなら、ウズラを中心にすればよいでしょう。しかし、室内飼育するフクロウの運動量は極めて少ないので、低カ

ピンセットの先端で口中が傷つくことも。割り箸を使うと怪我を防止できる

主食に適した餌

自然下でフクロウはウサギなどの小型哺乳類や鳥類、ヘビやトカゲなどの爬虫類、昆虫類を捕獲しています。飼育下では、ウズラやヒヨコ、マウスといった冷凍餌を中心に与えます

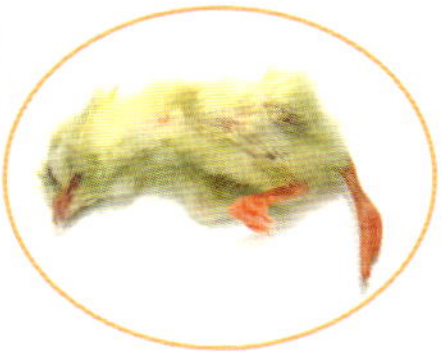

冷凍ヒヨコ

ヒヨコは嘴や胃腸、ふ蹠の先端、卵黄嚢(ヨークサック)などを取り除いてから与えます。ウズラやマウスなど他の餌に比べて筋肉量は少なく、栄養はやや低めです。しかし、高カロリーのマウスばかりを与えるとフクロウの胃腸に負担をかけるので、ヒヨコを主食に与えるのが一般的です。特に初生雛は羽毛に覆われているので、ペリットの誘発にも適しています。

冷凍ウズラ

栄養価が高く、中～大型のフクロウに適した餌。頭部や手羽、ふ蹠先端、卵黄などを除去してから与えます。ウズラは背骨などが硬く、フクロウの種類や成長度合い(雛や若鳥)によっては、骨を噛み砕けず食道などを傷つけることがあります。ですから場合によっては骨を除去し、胸肉部分のみを与えた方が無難な場合もあります。ヒヨコを主食とし、週に1回ウズラを与えるといった給餌方法がおすすめです。

1/16サイズにカットされた冷凍ウズラ。小型種に最適

卵黄などを除去した処理済みの冷凍ウズラ。小型から大型種に適した1/2サイズ

冷凍マウス

栄養価が高く、栄養バランスにも優れた冷凍餌。爬虫類の餌として定着していて、比較的容易にペットショップで入手できます。成長段階によっていくつかのサイズがあり、それぞれで名称が異なります。産まれたばかりのものが「ピンク」、やや毛が生えた過程のものが「ファジー」、離乳直後が「ホッパー」、成長したのが「アダルト」。さらに老齢個体を「リタイア」と呼びます。

冷凍ラット

産まれたてのピンクラットは高カロリーで栄養価に優れます。ただし、骨密度は低いのでカルシウムはやや少なめ。マウスに比べると皮が厚いので丸呑みさせると消化が悪い面があります。ピンクラットからホッパーまでがフクロウには適しています。

ロリーのヒヨコを中心にして、月1～2回、ウズラやマウスを与えるのが理想的です。

給餌方法

基本的に、成鳥には1日1回、決まった時間に与えます。種類によってはペリット（コラム参照）を吐くタイミングを見計らい、ペリットを吐き出してから給餌します。給餌量は「餌代の目安」（P64）でも触れましたが、小型種でヒヨコ1～2匹、中型種なら2～4匹、大型種は3～8匹が目安です。ただし、運動量や成長段階（若鳥・成鳥・老鳥の違い）によって、与える餌の種類と分量は変わります。

フクロウの購入時には、ショップに餌の種類と分量を確認してください。フクロウを自宅に迎え入れても、当初は環境変化についていけず、すぐに餌を食べないこともあります。できるだけショップにいた時と同じような環境を整えてください。

環境に馴染んで、餌もしっかり食べるようになったら、体重と給餌量を記録して体調管理を行ないます。記録を付けていると、急激に体重が増加した時には、餌のやりすぎを疑うことができます。その時は、給餌量を減らすか、低カロリーな餌に切り替えます。反対に、体重が減少しているなら給餌量や回数を増やします。餌が足りていないと、餌のおねだりのために餌鳴きすることがあります。かわいそうだからと、与えすぎないように注意してください。

また、餌には水をたっぷりかけてから与えてるとよいでしょう。フクロウの水分補給だけでなく、フクロウが口にした時に餌の羽根が飛ぶのを防げます。

フクロウの死因の多くは、餌不足による餓死です。フクロウは体が羽根で覆われているため、一見しただけでは痩せていることに気付きません。そのために体重計測が重要となり、給餌の度に体重を確認して痩せていないかをチェックします。しかし、体重はあくまでも目安です。いつもと変わった仕草や行動をしていないかなど、フクロウの様子を観察することが大切です。

自然下でのフクロウは、悪天候などによって狩りができず、絶食することがあります。状態よく管理できている個体では、絶食日を作って胃腸を休ませてください。絶食の目安は10日に1回ですが、特に日にちを決める必要はありません。旅行や出張の日を絶食日に当てるのもよいですし、代謝が落ちる雨の日に餌を抜くのでも構いません（フクロウは屋内飼育でも天気を感じられます）。ただし、2日以上不在にする場合は、家族や友人などに給餌を頼んだり、周囲に協力者がいない場合はペットショップに預けてください。

冷凍餌の解凍と保管

冷凍餌は、与える分だけを解凍します。解凍方法は冷凍庫から冷蔵庫に移したり常温に放置して解凍するやり方の他に、水やお湯に浸す、電子レンジの解凍機能を利用するなどがあります。しかし、解凍方法を間違えると、餌の質を著しく低下させることになるので注意が必要です。

一番よくないのは電子レンジを

成鳥も体重を計測。毎日体重の記録を取って健康管理する

おやつなど補助餌に最適！

ミルワーム

甲虫であるゴミムシダマシ科の幼虫の総称。ミルワームという名で販売されるほとんどが、チャイロコメノゴミムシダマシの幼虫（全長約17mm）です。鳥の餌としてポピュラーで容易に入手できます。この他にも、別種の全長40mmに達する大型のものがジャイアントミルワームとして流通しています。爬虫類や大型肉食魚の生き餌としてよく利用されているため、ペットショップでも比較的容易に入手できます。写真はジャイアントミルワーム。

コオロギ

生き餌として市販されるものには、フタホシコオロギとイエコオロギの2種類があり、各サイズが揃っています。フクロウにはM～Lの大型サイズを与えます。コオロギは動きが速いのでフクロウに与える時には工夫が必要。後脚の腿節（太い部分）を摘んだり、頭部をピンセットで軽く潰すなどして動きを制限してから与えてください。

使うこと。餌が加熱されすぎて変質するおそれがあるのでおすすめできません。次に、水やお湯に浸すこと。冷蔵餌をそのまま水やお湯に浸すと栄養分が流れ出しますから、ビニール袋に入れてから浸せば流出を防げます。それでも、お湯を使う場合は電子レンジと同様に、一部が加熱され餌の質が劣化することがあります。

時間はかかりますが、室温ではなく、冷蔵庫で時間をかけて解凍するのが、餌を変質させないので安心です。面倒ではありますが、フクロウのためです。

冷凍餌は長期保管が可能ですが、徐々に水分が失われていき酸化も進みます。まとめ買いをした方が割安で入手できますが、保管は1ヵ月分を限度として、それ以上のまとめ買いは控えましょう。

衛生管理の徹底を！

餌だけでなく用品類の管理も大切です。餌を与えるピンセットや餌皿は使い回しせず、1回使用する度に熱湯をかけたり煮沸して消毒します。人も、こまめな手洗いが欠かせません。給餌する時は手洗いだけでなくゴム手袋をすると万全でしょう。複数飼育している場合、1羽が病気に感染すると、すべてのフクロウに蔓延する危険性があります。衛生面には細心の注意を払ってください。

また、餌は与える前に匂いを嗅いでください。腐敗臭や鼻につく刺激臭などがしたら、餌が傷んでいます。冷凍餌も元々は生き物ですし、評判の良い販売店で購入したとしても、稀に状態の悪いものが紛れていることがあります。そのような餌は廃棄しましょう。

常時置き水をする

フクロウは餌からの水分補給で十分と言われます。しかし、高水温が続く夏だけではなく、冬もエアコンによって空気が乾燥することがあり、そんな時にはフクロウも水分不足になりがちです。ですから、餌からの水分補給だけではなく、いつでも新鮮な水が飲めるように水入れを常備してください。

スクエアパーチなど水入れを置きにくい飼育環境では、水分不足を起こしやすくなります。水入れを口元に近づけてみたり、霧吹きで嘴を濡らしてみて、水を欲しがるようなら、パーチから下ろして水を与えてください。

サプリメントは必要か？

良質で新鮮な餌を与えていれば、フクロウは健康に育ちます。サプリメントを与えることで栄養過多になり、かえって体調を崩すことがあります。サプリメントを使う前に、今の給餌でフクロウの状態に問題ないかをチェックしてください。

食欲が落ちたり、元気がないと感じた時は、サプリメントを与えてみて、しばらく様子を見るとよいかもしれません。しかし、フクロウ専用のサプリメントは市販されておらず、ペットショップには鳥全般や小鳥用、猛禽用（主に鷹や鷲用）などがある程度ですから、その使用は個人の判断によります。

市販されるサプリメントのほとんどは錠剤です。フクロウに与える時は水に溶かしたり、餌に混ぜ込むなど、摂取させるための工夫が必要です。容量は、小鳥用や鳥全体用は規定量の範囲内で与えるのは当然ですが、できるだけ控えめの添加を心がけてください。

換羽期専用の鳥類総合ビタミン剤。飲み水に入れて与える

ペリットとは？

マウスやヒヨコ、ウズラは、必要最低限の処理（不要な部分の除去）をしてからフクロウに与えますが、骨や内臓、血の大部分は残ったままであることが普通です。

これらもフクロウに欠かせない栄養となりますが、餌にある爪や嘴、羽毛など、完全に消化できなかった部位は、「ペリット」と呼ぶ塊にして口から吐き出します。このペリットを吐くという行為自体が、フクロウの消化器官の健康を保つ上で大切な生理現象です。

フクロウたちが吐き出したペリット。フクロウによって摂取する餌や量が違うので、ペリットも色や大きさが異なる

日常メンテナンス

残餌を放置したり、抜けた羽根を放置したような環境は、不衛生で発病の要因となります。きれいな飼育環境を保ちたいもの。ここでは、日頃の掃除やメンテナンス方法についてまとめました

排泄物や飛び散った餌の残骸などで汚れた人工芝は、定期的にブラシで汚れを落とす

室内や用具類の掃除

室内に敷いた新聞紙やペットシートは毎日チェックし、汚れていたら交換します。フクロウが吐き出したペリットはティッシュでくるんで拾い上げ、抜けた羽根が落ちていたら除去しましょう。エコアンは細かい汚れや綿毛を吸い込んでいるので、フィルター掃除をまめに行なってください。この掃除を怠ると、エアコンを稼働させるたびに室内に汚れが排出され、その中に含まれるカビなどが病気の要因となります。

フクロウの止まり木や餌を食べる場所が汚いのは衛生上好ましくありません。床は定期的に汚れをふき取り、用具類に付着した汚れは水洗いします。汚れがひどい時はブラシやヘラを使ってこすり落としましょう。なお、室内掃除をする時はマスクを着用して、粉塵を吸い込まないように注意してください。

爪と嘴のケア

自然下のフクロウは木を掴んだり獲物を捕獲するので、爪と嘴は適度に磨耗しますが、飼育された個体は過剰にそれらが伸びてしまいます。

伸びた爪を放置しておくと手に乗せたり保定した時、私たちの手や腕に食い込んで痛い思いをします。また、フクロウも爪が長すぎると止まり木が掴みにくくなったり、爪先が物にぶつかりその衝撃で脚を怪我することがあります。このような弊害は嘴も同様で、先端が伸びると餌が食べにくくなります。定期的な爪と嘴の手入れが欠かせません。

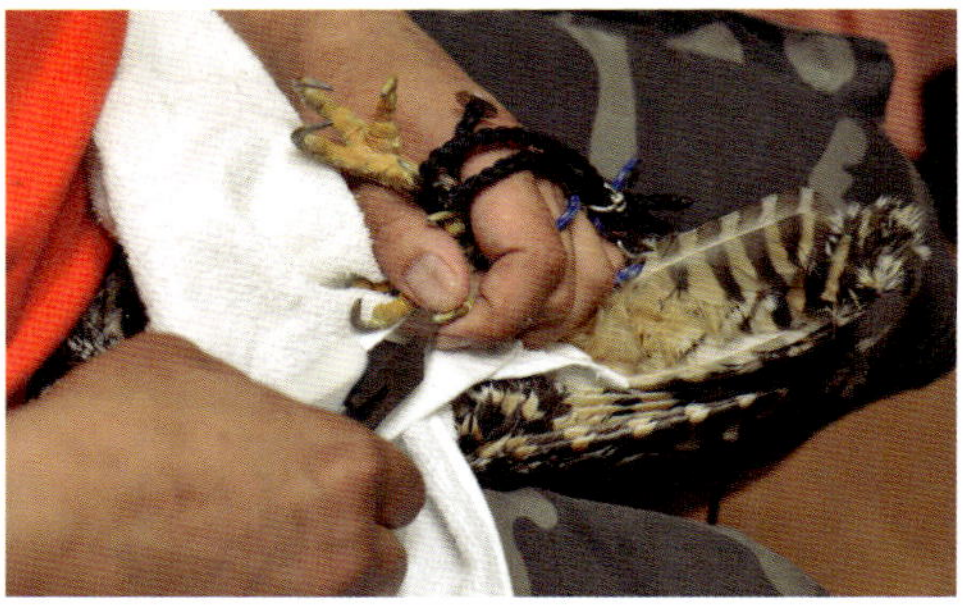
フクロウを保定したら顔にタオルをかける。フクロウが落ち着いたのを確認してから爪を切る

目隠しと保定

爪や嘴のケアをするにはフクロウを保定します（73ページ）。その後、布で目隠ししたり、体を包み込んでしっかりと押さえます。保定する際は羽根が折れたり、フクロウの脚が傷つかないように注意が必要です。布は爪が引っかからず、光を通しにくい厚手のものが適しています。

爪や嘴を手入れするのに、人間の方が怯えているとフクロウにもその不安が伝わります。短時間で効率よく済ませるよう心掛けましょう。

爪切り

爪切りはペットショップで販売されている犬猫用のものが便利です。爪切りはニッパー式とギロチン式の2種類があります。ギロチン式は切れ味鋭く、きれいに爪を切れます。慣れるとギロチン式の方がよいのですが、それまではどの程度爪を切っていいのか見当がつかないものです。最初のうちはニッパー式で少しずつ爪を切るのがよいでしょう。

なお、カットしたらヤスリで切断面を削り、ささくれないようにします。ヤスリも犬猫用が使いやすくて便利です。カットして角張った部分を少し丸く削る程度で十分です。

若鳥は爪の先端まで血管が通っているので、先端をちょっとカットしただけでも出血することがあります。多少の深爪ならフクロウは痛がりませんが、血が出ると私たち人間が慌ててしまいます。ですから、若鳥までは、ヤスリで先端を丸く削る程度で十分です。

嘴の手入れ

口を閉じている時に上嘴《じょうし》の先端をニッパー式の爪切りでカットします。その後、片手の指を口の中に入れて口を開かせ、上嘴の切断面をヤスリで削って滑らかにします。同様に、下嘴《かし》も削り、上下の嘴が同じ長さになるようにしてください（左の写真も参考に）。

日常管理で健康チェック

ここまで室内環境の掃除と爪や嘴のケアについて見てきました。他にも外見や日常生活から異変に気づくことがあります。どこをチェックすればいいのか、下表にまとめてみました。

毎日の餌やりや爪など体のケアをする時に確認するだけで十分です。慣れないうちはルーティンで行なう日常メンテナンスで手一杯だと思いますが、ぜひ、意識してチェックしてください。フクロウが発するSOSに気づくかもしれません。

嘴の手入れ方法

極端に下嘴が伸びた個体。このままでは餌が食べにくいのでニッパーでカット

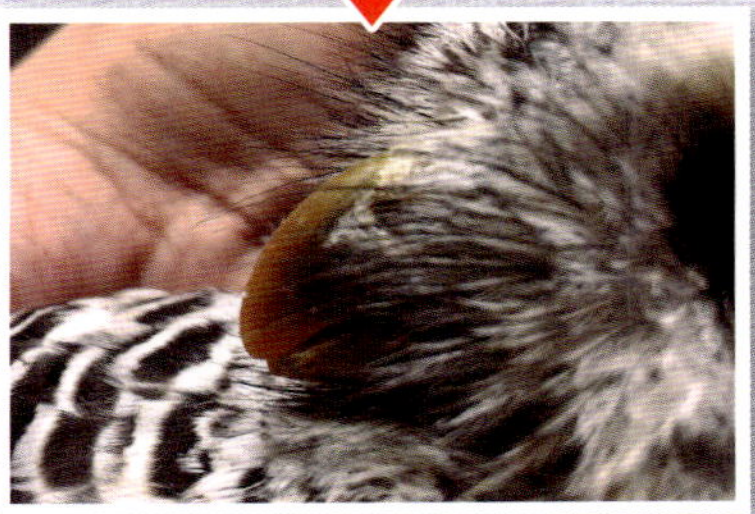

上嘴と同じ長さになるようカットした後、ヤスリで嘴の角を削ったら完了

健康状態のチェックポイント

ちょっとした異変に気づくかどうか？　観察項目をリストアップ！

羽根の艶

羽根の色が悪く艶がないように感じられる時は、体の不調を訴えている可能性があります。羽根が抜けたり、ボサボサになっている時は要注意です。

眼力

眼球がきれいな色をしていて白濁していないこと。眼を見開くなど、「眼力」を感じさせる個体は元気です。元気がない個体は眼をショボショボさせています。

感覚的なものだが、状態が良いと目がキリッとしている

呼吸

呼吸が速かったり荒い場合は要注意。水分は足りているか、温度・湿度に問題ないかを確認してください。

フンの色

フンは健康状態を判断する重要なバロメーター。白い液体（尿酸）に固形が混じるのが通常のフンで、固形のところは、ヒヨコが主食だとやや黄色がかり、ウズラやマウスだと黒っぽくなります。緑色がかったり血便が見られるようなら、給餌に問題、もしくは体の異常が疑われます。

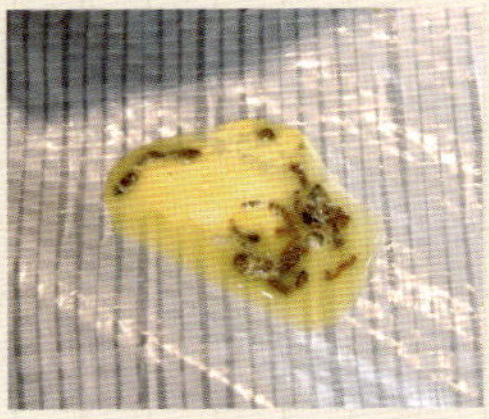

水分不足だと、液体部分（尿酸）が黄色くなる

餌の量

体重を測ることで健康状態を確認します。餌の量が一定なのに体重が増減している場合は要注意。健康状態や運動量を考えて、餌の量や回数を微調整してください。

白内障にかかったフクロウ。目の真ん中が白く濁っている

病気と怪我の対策

発病や事故といったアクシデントはいつ起きるかわかりません。不測の事態に備えて、病気や怪我の原因・症状を把握しておきましょう

よく見られる病気と症状

白内障

目が白く膜が張ったようになります。原因はまちまちで、生まれつきのこともあれば、老化によって発症するケースもあります。白内障が疑われる場合は獣医師に診断してもらいましょう。放置すると目が見えなくなることもあります。

外部寄生虫

ダニやシラミなどが原因。羽毛に覆われて発見しにくいですが、痒がったり、羽毛上に小さな虫が付着しているようなら、速やかに他の個体から隔離してください。寄生虫がついた個体は、動物病院に連れて行き駆除してもらいます。

内部寄生虫

代表的なのは毛細線虫で、これは主にミミズを中間宿主とするので、屋外飼育では地面の接地を避けることで予防します。この他には、吸虫、条虫、回虫などが知られています。これらは腸や口中、喉などに寄生します。

これらに寄生されると、与えた餌量に比べて体重がなかなか増えないなどしますが、はっきりと症状が現れないのが特徴ともいえます。軽度であれば急を要することはありませんが、複数箇所に寄生すると非常に厄介です。寄生場所によっては、重篤な症状を引き起こすことがあります。

寄生の要因はさまざまですが、餌をカットする時のナイフや餌皿、ピンセットから感染するケースが多く見られます。このような用品類は熱湯または煮沸消毒、人工芝などの飼育用具は塩素系消毒剤で洗浄して、清潔な飼育環境を保つことが重要です。

原虫類

コクシジウム

屋外飼育では外部感染によって、すでに感染しているケースが大半です。天井や壁が格子状になっている禽舎は、駆虫しても野鳥から再び感染します。体重の減少や未消化のフンが続くようなら、獣医師に相談してください。特に症状がなければ心配は要りません。

トリコモナス

主に鳩から感染します。口中や喉に粘り気のある塊が付着し、最悪のケースでは化膿します。口から異臭が出るので、他の症状に比べて異変には気づきやすいでしょう。ペリットとは異なる嘔吐物がないか、餌を呑み込みにくくしていないかなどを観察します。気になる仕草を見かけたら口臭をチェックしてください。

真菌（アスペルギルス）

鳥類にとって非常に厄介な病気の1つがアスペルギルスです。セキセイインコなどでは治療実績が増えつつありますが、猛禽類では未だに発症すると完治するのが困難な病気です。

病原体は空気中に存在するカビの1種で、フクロウの抵抗力が弱ると発症しやすくなります。特に、夏になってはじめてエアコンを稼働させる時が要注意。エアコンフィルターに溜まったホコリが原因になるので、必ず夏前に清掃してからエアコンを稼働させてください。

発症すると助からないケースがほとんどです。日頃から抵抗力が低下しないように健康維持と、飼育環境の定期的な清掃を心がけてください。

細菌（オウム病）

クラミジアによる細菌性感染症。フクロウに症状が現れることはほぼありません。一般に、乾燥したフンの粉塵による飛沫感染や唾液などの経口感染が要因となります。排泄物の後始末をきちんとしていれば、感染・発症の危険性はまずないでしょう。それほど心配する必要はありません。

鳥インフルエンザ

ニワトリやウズラ、アヒルなどの家禽がもっているA型インフルエンザウイルスによる感染症。鳥に対する病原性の高さから高病原性と低病原性に分類されます。人には、病鳥の生肉を摂食することなどで感染することが知られています。人から人への感染は確認されていません。また、フクロウ他、飼育鳥から人の感染も極めて低いと言えます。

鳥インフルエンザは飼育するフクロウへの感染が脅威ではありません。むしろ、この感染が拡大することでフクロウの輸入が止まったり、餌となるヒヨコやウズラの入手に影響が出ることの方が危惧されます。

事故と怪我

趾瘤症（しりゅうしょう）

脚の裏が腫れ上がる症状で、「バンブルフット」と呼ばれます。爪の伸びすぎによる自傷、常に同じ脚裏の箇所が触れる止まり木の使用、極端な体重増加や運動量の変化など、いろいろな要因が考えられます。

傷口や壊死した皮膚から細菌性感染症にかかったりすると、深刻な事態を招きます。爪切りをする時には脚の裏をよく観察して、小さな傷ができていないか、皮膚が傷ついたり出血していないかを確認してください。

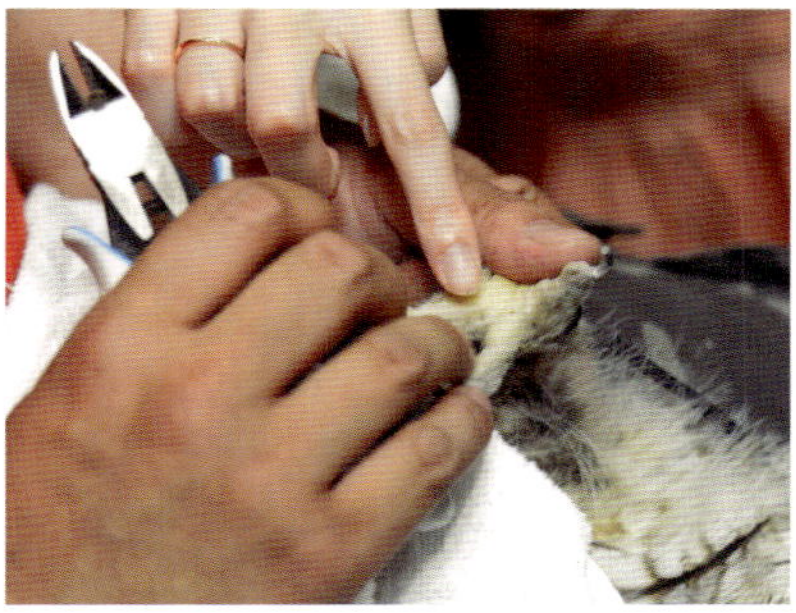

爪切りの時に、脚の裏が傷ついていないかチェックすることが、バンブルフットの一番の予防策になる

骨折

窓ガラスに激突したり、翼を広げた時に物などにぶつけたりして骨折することがあります。大半のケースでは、翼を収納できないことで骨折が発覚します。

羽根を広げた後、きちんと収納できているか、痛がったり、いつもと違った動き（様子）がないかを観察してください。異変を感じたら、ショップや獣医師に相談しましょう。骨折していなくても脱臼や打撲をしている可能性もあります。

異常を発見した場合は暴れないように小さめのダンボールなどに収容し、ショップや病院に連れていきます。

深爪したら……

深爪すると出血します。その時は犬猫用の止血剤（塩基性硫酸第二鉄などが配合された粉末のもの）を塗れば、出血は治ります。爪切りをする場合は、万一に備えて止血剤を準備しておき、出血したらすぐに対処してください。

骨まで傷つくほど損傷し、成長点が完全に破壊されると爪は再生しません。しかし、わずかでも成長点が残っていれば、再び爪が生えてきます。ちょっとした深爪ではなく、ある程度大きな損傷である場合は、フクロウの知識豊富なペットショップに相談し、指示を仰いでください。

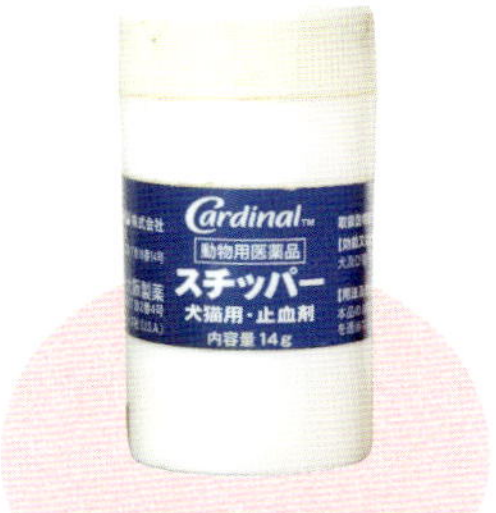

深爪した時に塗布する止血剤。万一に備え常備しておきたい

◆◆◆

ここで挙げた症例以外にも、さまざまな病気や怪我があります。最終的には病院で診察や処置を受けることになりますが、軽度であれば応急処理で事足りることもあります。ですから、まずは信頼できるペットショップに相談するとよいでしょう。大切なのは、安易な素人判断で、治療を行なわないことです。

また、施設を清潔に保つことで、病気にかかりにくくなりますから、定期的に掃除をすることを心がけてください。なお、フクロウはデリケートな面がありますから、刺激の強い薬品を使った掃除はおすすめできません。

フクロウの繁殖

フクロウの繁殖は、知識や技術だけでなく設備も必要となり、愛好家が簡単にできることではありません。でも、愛情をもって育てていると、繁殖に興味が湧いてくるもの。ここでは、繁殖の概要と、プロブリーダーの繁殖の実際を写真で紹介します

繁殖の流れ

最初に、雌雄を揃えることからはじまります。種親となる雌雄の判別は、体重や大きさ（一般的にメスが大型）といった外見だけで判断できません。1歳を超えると「この子は他の個体に比べて大きいからメスだな」などと感じることがありますが、個体差もあるので長く飼っていればわかるというものではありません。繁殖を目指すのであれば、専門機関によるDNA鑑定が不可欠です。

繁殖難易度は種類によって違います。容易な部類に入るのはメンフクロウやワシミミズクの仲間。中～型種は雛も大きいので、取り扱いやすいのが大きな理由です。一方、難易度の高い種類は、卵や雛が小さい小型種です。その他には、カラフトフクロウやウラルフクロウは中～大型種ですが、意外と雛の数は採れません。

ペアリングは、オスがいるケージにメスを収容します。相性が合えば止まり木に一緒に乗りますが、相性が悪いと同じ止まり木に乗せてもらえません。だいたいはメスの方が強く、上の方にある止まり木にメスがいます。

ペアリングが不調の時はケージから雌雄を出して隔離し、しばらく時間をおきます。複数の個体がいれば個体を入れ替えてペアリングを行ないますが、雌雄1羽ずつの場合は止まり木の位置を変更するなどしてケージ内のレイアウトを一新させます。それから再びペアリングを試してみます。

産卵と孵化

繁殖は冬から春にかけて、メスが巣に入って卵を産みます。プロブリーダーはここで卵を取り出し、孵卵器を利用して人工孵化を行ないますが、愛好家の場合は卵を取り出すようなことはせず、親に任せるのがよいでしょう。

プロブリーダーは、取り出した卵を孵卵器に入れて管理します。すべてが有精卵とは限らないので卵に光を当てて透視し、血管や胚が脈を打っているかを見たり（検卵）、孵化がはじまっていないかを観察します。卵は非常に繊細なので、まめに観察して、何かあったらすぐに対処しなければなりません。

孵卵器の取り扱いは経験を要します。温度や湿度の調整は外気温の影響もあり一定にすることが難しく、変動する温度で失敗するケースが多くあります。ですから、孵卵器の様子をよく観察し、雛が孵るまで卵の管理に神経を集中させます。

孵化は産卵から30～40日が経過した頃からはじまります。孵化すると卵にヒビが入り、徐々に雛の姿が見えてきます。自力で殻から出られない雛もいるので、これらはタイミングを見て割って出してあげる必要があります。そのタイミングも難しく、

孵卵器に収容された卵。温度や湿度の管理が非常に難しい

検卵の様子。卵にライトを当てると血管などが確認できる

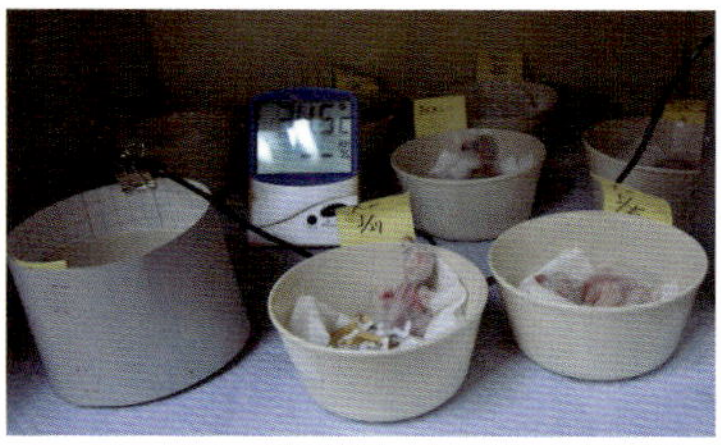
ティッシュを敷いたボウルに収容されたメンフクロウの雛

孵化直後の雛は、しばらく育雛器で管理される

雛を種類ごとにダンボールなどに収容する。上から保温ライトを当てて温度管理する

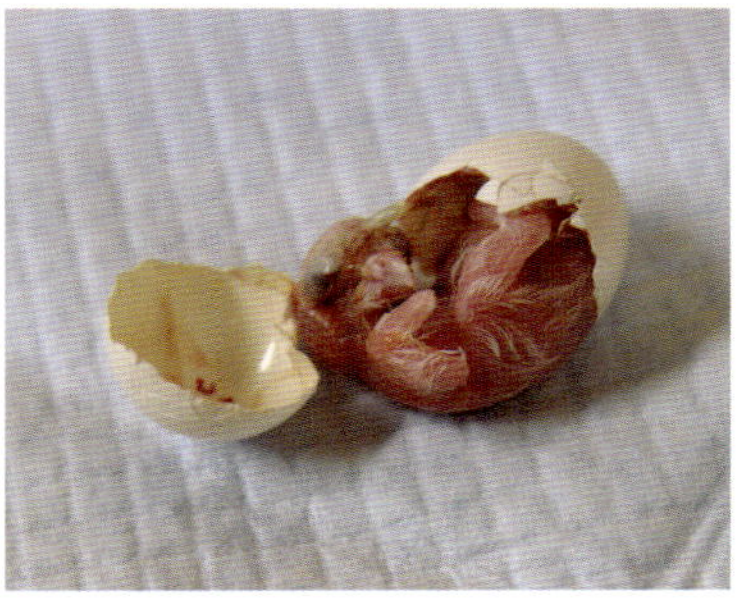
卵が割れて姿を現したばかりのアフリカオオコノハズクの雛

まめに様子を見ながら雛を取り出します。

雛の給餌

孵化後14日が過ぎると、雛の目が開きはじめます。産まれてきた雛は、脚をすべらせないようにするため、ボウルにティッシュなどを敷き詰めた育雛器の中で管理します。

餌はウズラをミンチにしたものを与えます。はじめのうちは親指と人差し指で雛の頬あたりを挟み、嘴が開いたところにピンセットで餌を入れます。成長してくると、口元に餌を近づけると自分で食べるようになります。

個体差があるので給餌量は一概にはいえません。雛の給餌で多いトラブルは餌の与え過ぎです。というのも、雛は与えれば与えるだけ食べてしまうからです。餌を与えすぎると、ある日急死することがあります。感覚的な話になりますが、1回の給餌量を控えめにして回数を多くし、雛をよく観察して与え過ぎを防ぎましょう。

順調に成長してきたら、給餌量を増やしつつ給餌回数を減らしていきます。ウズラは骨ごとミンチにします。餌は作り置きせず、その都度解凍したウズラを使ってください。

1ヵ月が経過すると周囲のものに興味を示し、自分の脚で歩き回るようになります。ただし、まだ骨格が完全に固まっているわけではないので、ぶつかって骨折するような危険物は取り除いておきましょう。

人工繁殖で生まれた雛

ニセメンフクロウ

アフリカオオコノハズク

メンフクロウ

カラフトフクロウ

生後17日のヨーロッパコノハズクの雛。ピンセットでウズラのミンチを与える

あこがれのふくろうのいる暮らしをリアルに！
ふくろう飼育をお考えのあなたに！
ふくろう茶房ではふくろうとの出会いを大切にしています

イベント各種

当店ではふくろうオーナーさん向けのイベントも開催しています。イベント告知はＨＰ及びフェイスブックのふくろう茶房のページまで。お花見、ＢＢＱ、各種ふくろうをテーマにした集いなど（モリフクロウの会、略モリ会）

お散歩体験

ふくろうとのお散歩体験を受付中！
当店は国分寺駅から徒歩８分ながら、緑に囲まれ場所にあります。近くには小川のせせらぎも聞こえる公園や遊歩道があるなど、お散歩には最適のロケーションです。ぜひ体感して下さい。

料金　１人 **3000** 円（30 分・要予約）
小型種〜中型種まで
（注：同行者も人数にカウントされます）

ふくろう茶房（カフェ部）

〒185-0022　東京都国分寺市東元町 3-15-1 ＴＥＬ　050-5280-8033（カフェ専用）
営業時間（カフェ）　月〜金　11：00〜17：00　　土日祝　11：00〜18：00
定休日　火曜日、木曜日　時々臨時休業（天候等緊急含む）予約席あり（電話問合せ OK）
生体購入をご希望のお客様、カフェ店内よりペット販売部に御取次いたします。

常時 100 羽以上在庫！

ふくろう生体販売！

可愛いふくろう達がたくさんお待ちしております
国内及び海外繁殖個体を取り扱っています

福くるサポート

いざという時に安心できる充実したサポート体制をご用意しております。

ご加入には、別途お申し込み（有料）が必要です。

サポート内容：「もしもの時の補償」をはじめ、ほかにも数々のサポートが充実しています。

詳しくは、ふくろう茶房ペット販売部まで

ふくろう茶房（ペット販売部）

専用電話　090−8843−2960　担当　町田　一・町田　丈
電話での受け付け時間　毎日（カフェ定休日含む）10：00～20：00
ショートメールでの受付もＯＫです。こちらは 24 時間受付いたします。

■動物取り扱いに関する表示
動物取扱業　東京都第 101774 号　販売・保管・貸し出し・訓練・展示　動物取扱い責任者　町田　一・町田　丈
ホームページ　http://www.hukurousabou.sakura.ne.jp
Facebook　https://www.facebook.com/hukurousabou

うずら(1/2カット)

便利な1/2サイズに
切り分け冷凍しました。

冷凍保存用ダブル
ジッパーパック入り

【1kg】 ¥3,500(税抜)

うずら(1/16カット)

使い易く1/16サイズに
小さく切り分け冷凍しました。

冷凍保存用ダブル
ジッパーパック入り

【1kg】 ¥3,500(税抜)

冷凍だから
楽々♪簡単♪

安心・安全の純国産

切り分け、冷凍タイプだから
管理も使用時も楽々!!
個体に合わせてお選び下さい。

ひよこ(処理済み)

約40～50匹

頭部、脚部、黄身ぶくろ(ヨークサック)を
丁寧に取り除き冷凍!!

【1kg】 ¥3,500(税抜)

脱皮したてのミルワーム

プレミアムホワイト【冷凍ミルワーム】
Mサイズ100g

【100g】 ¥1,900(税抜)

動物園、水族館をはじめ日本の研究、開発を担う大学、研究機関にも月夜野ファームの製品をお届けしてます。

月夜野ファーム

〒379-1303 群馬県利根郡みなかみ町上牧2250
tel:0278-72-3708 fax:0278-72-1883
tsukiyonofarm.jp

猛禽類の楽しさ
教えます!
アフターケア
もお任せ下さい!
ときめきがいっぱい!
お待ちしております
ペコリ
フクロウがたくさんいる!!
えっ!?
有限会社 エヌ・シー
見て さわって 感じて
かおう!!
柵はありません
ので直接さわれます!
初心者の方には
飼い方も親切・丁寧に
アドバイス!
はじめてご来店されたお客様はだいたい驚かれますよ!!
フェレット・小動物・爬虫類
両生類・猛禽類・奇虫まで
何でもそろってます♪
※店舗により取扱う動物が異なります
nettai club exotic animals
熱帯倶楽部
熱帯倶楽部 検索
http://www.nettai.co.jp/
オンラインショップでも用品購入可能
飼育グッズもたくさんあります!
フクロウ開運グッズもたくさん!
大人から子供までドキドキ!
東川口本店
埼玉県川口市東川口4-21-3 営業時間:月~土/13:00~22:00
日・祝日/12:00~21:00
年中無休(元旦を除く)
TEL:048-297-3366
吉祥寺店
東京都武蔵野市吉祥寺本町1-8-14 本田ビルB1 営業時間:11:00~20:00
TEL:0422-27-6391
※年末年始等、営業時間を変更することがあります。
ららぽーと立川立飛店
東京都立川市泉町935-1ららぽーと立川立飛1Fペットパラダイス DX内
TEL:042-595-9561 営業時間:10:00~21:00
※ららぽーと立川立飛に準ずる
東川口本店/動物取扱業登録証 販売:第53-0395号 保管:第53-00396号 貸出:第53-0397号
吉祥寺店/動物取扱業登録証 販売:13東京都販第101820号 保管:13東京都保第101820号
ららぽーと立川立飛店/動物取扱業登録証 販売:第102231号 保管:第102231号

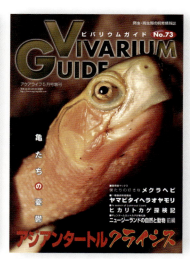

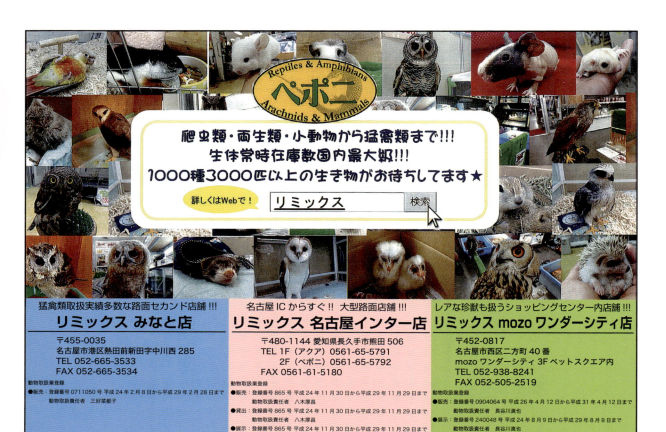

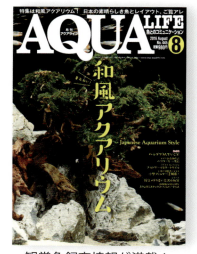

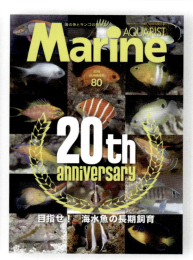

監修者プロフィール

藤田征宏 Yukihiro Fujita

「猛禽屋」代表。フクロウや鷹の繁殖・販売の他、鷹の調教、犬の訓練、猛禽類の繁殖技術の研究を手掛ける。国士館大学レスリング部出身で、現在は「猛禽屋レスリングクラブ」を設立して小・中学生の指導にあたっている

編・写真／新野雄高
進　　行／山口正吾
営　　業／柿沼　功、位飼孝之
デザイン／スタジオB4
取材協力／アウルの森、アウルパーク、月夜野ファーム、熱帯倶楽部、ふくろう茶房

参考文献／
「ザ・フクロウ」加茂元照・波多野鷹（誠文堂新光社）
「フクロウ完全飼育」藤井智之（誠文堂新光社）
「Owls of the World A Photographic Guide」HEIMO MIKKOLA
「Die Eulen Europas Biologie Kennzeichen Bestande」MEBS SCHERZINGER

かわいいフクロウと暮らす本

2016年8月12日　初版発行

発行人　石津　恵造
発　行　株式会社エムピージェー
〒221-0001
神奈川県横浜市神奈川区西寺尾2丁目7番10号　太南ビル2F
Tel　045（439）0160
Fax　045（439）0161
al@mpj-aqualife.co.jp
印　刷　図書印刷

定価はカバーに表示してあります。

本書についてのご感想を投稿ください。
http://www.mpj-aqualife.com/question_books.html